U0029924

向大師學習
數位轉型

著——詹文男

臺灣企業案例分析
與產業趨勢觀點

【推薦序 1】

《向大師學習數位轉型》推薦序

全球局勢快速發展，世界上的國家正在經歷所謂的「大變局」，如美中科技戰、地緣政治衝突，以及淨零、永續的環境承諾等，使得我們必須去適應一個「充滿各種不確定性風險」的世界。在此同時，我們也發現各國正積極地在尋找下一波的產業發展動能，尤其是數位科技的發展，創造出一個新的視野，使得所有國家都希望可以在未來逐漸以虛擬為主的世界之中，掌握局勢變化的發言權，臺灣當然也不例外。

臺灣產業歷經數十年的發展，已有非常深厚的基礎，包括半導體、資通訊等產業。但我們也必須放眼未來，在既有產業基礎之上，持續培育「護國群山」，推動產業多元發展，進一步在臺灣打造出「創新創業的雨林生態系」。

為了達成上述願景，需要不同層面的思索。首先，要培養出堅實的數位產業，推動 AI 的落地就是一個例子。我

們要透過 AI 產業化來提升及穩固臺灣半導體及資訊電子產業的國際競爭力，並大力推進產業的 AI 化，將 AI 應用於醫療、健康、製造、服務等百工百業。同時也要推動 AI 普惠化，讓全民同享數位科技進步所帶來的成果，並降低其可能造成的負面衝擊。

另一方面，臺灣產業與經濟之所以在全球市場上有傲人的成績，必須感謝成千上萬的中小企業，過去提著皮箱到世界各地爭取訂單，才打造出令世界肯定的經濟奇蹟。不過在數位科技快速變化的全新時代，我們必須善用數位、資訊科技的力量，以「數據」為核心的創新驅動經濟發展模式，來協助臺灣的中小企業取得下一波發展的動能，也就是運用迅猛發展中的數位科技來加速中小企業的轉型升級。

不過，數位轉型課題雖然關鍵，然而對於中小、微型企業或服務業來說，還有許多的挑戰需要克服。像是如何讓數位科技真能夠對應到企業發展的需要、數位應用導入門檻的降低，以及如何讓企業透澈理解數位轉型的內涵及必要性等等，都需要產官學研一起攜手努力來協助，讓中小微企業能夠透過數位科技的力量在全球更有競爭力，同時也可以成為臺灣中大型企業面對全球綠色轉型、供應鏈再結構的輔助力量。

　　《向大師學習數位轉型》此書的問世，其目標便在於協助廣大的中小微企業理解數位轉型的內涵及必要性，並透過許多標竿典範的企業實務案例，讓有心轉型的中小企業主有所參考遵循，降低數位應用導入門檻。而同時，對於決心想投入，但苦無資源的企業，透過政府政策及相關輔導資源的說明，可以結合政府、研發法人及輔導廠商的力量來全力執行；而在數位轉型過程中，可能會遇到的問題與障礙，也透過專家學者理論及推動心法的分享，來預先掌握可能的障礙與解決方案，避免走太多的冤枉路。

　　在這個快速變遷與不確定性充斥的時代，臺灣的產業及經濟面臨著前所未有的機會與挑戰。《向大師學習數位轉型》透過深入淺出的案例分析與專業的策略建議，為臺灣中小微企業描繪了一條兼具創新與實用的轉型之路。透過本書多位大師的智慧與心法，相信臺灣的企業不僅能夠穩健地邁向數位化，也能更有自信地面對世界變局，在國際舞台上展現更強的競爭力與創新能力！

中華民國總統　賴清德

【推薦序2】

擁抱挑戰，穩步前行

　　數位科技的快速發展翻轉了傳統的競爭規則，其所帶來的數位轉型已是產業顯學，更是企業的全民運動。近年來資策會對臺灣企業與數位轉型的觀察發現，臺灣企業數位轉型意識高漲，卻無足夠面對數位轉型浪潮的因應對策，在產業競爭加劇、創新科技衝擊，以及服務樣貌的改變下，對不少組織企業來說，數位轉型這事是「天涯路」也是「不歸路」。

　　以中小企業為主體的臺灣來說，也正面臨接班斷層與創新變革兩難局面，如何有效運用組織既有資源，找到合適的數位轉型方向與策略，將是一大難題及挑戰。「一個人走得快，一群人可以走得久，走得遠！」或許可藉由群組化或集團化的模式，整合各界（第三方）等群眾的力量與智慧來進行。

　　我們也發現，許多企業面臨的轉型難題，並非是對前景

的未知，而是如何放下過往成功框架，也就是所謂的「慣性」是最大的挑戰。如同《左傳・莊公十年》中說：「肉食者鄙，未能遠謀。」指高官厚祿的上位者眼光短淺、急功近利，無法深謀遠慮。對企業來說也是如此，因為太成功了，所以看不到未來的挑戰。像是轉型過程中，大家的思維有沒有跟著改變？抱持著何種態度？雖然對轉型來說，慣性可能是阻礙。不過，若從物理學的角度來看，「內力」不影響運動狀態，唯有「外力」能夠影響既有的運動狀態，也就是影響慣性。換句話說，以外力來影響慣性是最有效的做法，如COVID-19就是一種外力。

數位轉型的推動是一個持續努力的過程，重要的不是一成不變的初始規劃，而是期間不間斷的反覆調修，像是空對空飛彈的射擊後不斷瞄準；企業的轉型無法從零直接到一百，但從零到一的過程，可適時結合外界力量（外力），如站在巨人的肩膀上借力使力，跨界共創數位生態，方能在數位競賽脫穎而出。

此時此刻，文男兄的《向大師學習數位轉型》非常值得企業參照，除了有企業決策者現身說法的實務個案外，也分享了政策資源、理論心法，協助更多業者選擇適合自己的數位轉型模式，同時能給正面臨轉型關鍵或正進行數位優化、

創新的企業，一些轉型啟發與參考方向，帶領企業從正確的心態出發，循序漸進達成轉型的目標。

- 企業數位轉型沒有涵蓋百工百業的SOP、統一公式，經營者亦需拋棄過去習以為常的成功框架。

- 數位轉型是為了再造競爭力，不是為了導入數位科技。透過數位科技驅動流程或商業模式創新，不是延續現有的做事方法，而要改變能力與文化。

- 除數位科技的導入外，組織的管理制度、人才培訓、全員參與及文化思維等，都是很重要的因素，而關鍵在於經營者必須有強烈的主導推動意願。

- 數位轉型後的工作方式與營運模式會有不同，包含以客戶需求為中心，需讓團隊接受變化，習慣擁抱新事物，亦需鼓勵對失敗抱持正面的態度。

工業技術研究院暨資訊工業策進會董事長

李世光

【推薦序 3】

縫隙的聯想：數位轉型學院

今年大學入學學測的國文作文題目是縫隙的聯想，你聯想到什麼？

我聯想到的是數位轉型，因為在全球化的網路結構中，充滿了縫隙（結構洞）。這些縫隙增加了人與人之間的交易成本，而數位轉型，就在填補這些縫隙：

一、流程間的縫隙：老闆與員工之間是有縫隙的，導致下情無法上達，而老闆的指令也無法下傳，填補縫隙（結構洞）的人就能夠獲得競爭優勢，像是慈禧太后靠小李子與滿朝文武官員連結，小李子因為填補了這個空隙而取得了競爭優勢。ERP填補了部門間流程間的縫隙，讓業務部門敲進一張訂單後，全公司都為這張訂單開始動起來。

　　二、企業間的縫隙：像是製造商因為不知道零售商的銷售狀況，如果數位轉型能夠填補這些縫隙，讓零售商每賣出一件產品，製造商就接獲通知，在整個生產與採購規劃也能更為敏捷，供應鏈管理就在填補這些縫隙，產生組織間的溝通效率。

　　三、市場間的縫隙：電商市場與金融市場間就產生了縫隙，社群市場與金融市場之間也存在著縫隙。電子支付如支付寶、Line Pay 彌補了這些縫隙，因而也取得了資訊與控制的權力。

　　四、社會間的縫隙：社會中也充滿了縫隙。買二手房的人找不到賣二手房的人，填補這個縫隙，也能取得優勢。如住在臺灣的人很難接觸到住在墨西哥的人，跨境商彌補了這個縫隙。辦公室與住家也存在著縫隙，於是視訊會議系統彌補了在家上班的縫隙，進一步改變了人力資源的市場。

　　五、生活中每一道縫隙都是商機：政策與理論填補了政府，學者，與業者間的縫隙。有縫隙的地方就有商機，這就是為什麼全球的商機，又比只待在臺灣的商機多很多。地緣政治讓全球化的世界產生了縫隙，韌性企業都在尋找彌補縫隙的商機。此外，知識與知識間也充滿了空隙，讓懂管理的人不懂工程，懂工程的人不懂管理，ChatGPT 填補的知識與

知識間的空隙。

　　從社會資本理論來看，社會結構中的縫隙就稱為結構洞，而填補結構洞的動作就叫做搭橋。簡單的說，就是搭橋的人（如慈禧太后的小李子），會取得資訊與控制的權力，進而取得社會資本的優勢。

　　以上，就是我對今年學測縫隙的聯想的作文，不知道閱卷老師會給我幾分？如果知道這篇作文是在 ChatGPT 幫助下完成的，會給我及格嗎？原來在同一個時代下，也存在不同時代的人，這些縫隙，應該是數位轉型最大的困難之一。而我同學詹文男教授的數位轉型學院，正在填補這個縫隙，讓我敬佩不已。

　　我列舉一些本書填補縫隙的案例如下：

　　曼都集團利用內部社交平台改善了老闆與員工之間的溝通和協作效率，從而填補了老闆與員工溝通的縫隙。

　　阿瘦皮鞋透過數位轉型技術，如用 POS 系統分析了員工與客戶的互動，多角化經營如橫跨足健康與食品等產業，也填補了市場間的縫隙。

　　摩斯漢堡導入了訂單管理系統和供應鏈管理系統，使得店面間的訂單傳遞更順暢，提高了客戶滿意度和品牌形象。

陽明海運建立了貨運追蹤系統和在線訂艙平台，使得貨主能夠即時瞭解貨物運輸狀況，同時也讓船公司更有效地管理船隻和貨運，解決了國際航運業中信息不對稱的縫隙。

佳世達集團利用策略性投資填補市場間的縫隙，由網路通訊業起家，成為橫跨資訊產業、醫療事業、智慧解決方案及網路通訊事業的全球科技集團。還用平台填補縫隙形成超過七十家海內外企業的聯合大艦隊，同時也可以自己發展為中型艦隊、小型艦隊持續擴展。

這本書不僅僅是一本書，而是一場關於數位轉型的精彩冒險之旅！在這本書中，詹文男院長以他獨特幽默的風格，深入探討了數位轉型企業個案、政府政策以及學術理論。他結合了理論與實踐，以及豐富的專業知識，將這數位轉型這個看似枯燥的主題變得生動有趣，讓讀者在閱讀中不僅能獲得知識，更能享受閱讀的樂趣。如果你想要填補自己與數位轉型時代的縫隙，掌握企業如何應對數位時代的挑戰，以及政府如何制定政策推動數位轉型，這本書絕對是你不可錯過的一本好書！

臺灣科技大學資訊管理系特聘教授　盧希鵬

【推薦序 4】

《向大師學習數位轉型》推薦序

　　猶如狄更斯在《雙城記》的開場所言：「那是最好的時代，也是最壞的時代。」這些年來，全世界的企業，不管認同與否，喜歡與否，都正在如火如荼做兩件大事：第一件事是永續發展，其中重中之重是低碳淨零；第二件事是數位轉型。低碳淨零是為了確保人類未來世世代代（Generations）能夠永續在乾淨美好的地球上生存與成長，我們必須採用科學的（Scientific）思維與方法，解決工業革命以來，因人類使用石化能源（Energy），所引發環境面的（Environmental）汙染與惡化的議題，促成人類的進化（Evolution）；也是 ESG 必須塑造的首要及必要共同認知。低碳淨零已成為人類及企業經營永續發展的必要前提，更是人類及企業經營迫在眉睫的生存議題，也必將是永保安康、永保成長的最佳路徑。企業經營必須在永續發展、低碳淨零

的框架下，「以人（Humanity）為本」，以「數位轉型」為手段，採用ABCDEFG等各項「數位」科技，顛覆其原有的商業模式或營運模式，來達成企業生存、成長及永續發展的目標，造福經濟與民生。

本書《向大師學習數位轉型》是由資訊工業策進會產業情報研究所前所長、數位轉型學院共同創辦人暨現任院長詹文男大師，邀請國內諸多企業界決策者、政府重要決策官員及學術界重量級大師們，與其個別一對一個案訪談，分別從企業實務篇十五篇（我亦有幸受邀訪談「以數位升級打造智慧島嶼」個案）、政策資源篇五篇及理論心法篇六篇等三大面向，編輯整理，分享諸多膾炙人口的數位轉型相關議題與見解。

本書有幾大特色，首先，是採個案訪談，生動活潑且富饒趣味；其次，是涵蓋產、官、學三大完整面向探討；再者，個案遍及生活、飲食、運輸、通訊、網路、娛樂、出版、音樂、藝術以及健康等多元產業，並與食、「醫」、住、行、育、樂六大民生基本需求息息相關之領域；企業實務篇個案，從品牌簡介、所處產業概況、企業的願景與藍圖、環境的變遷、數位科技在個案企業中的角色等面向，結構性的探討個案內容，佐以「觀點與啟發」，包括逐一個案

從產品或服務的發展、客戶經營、創業、創新與數位轉型、社會責任與永續發展、夥伴與生態系統、企業文化與組織人才發展等面向，系統性的論述。處處可見詹大師獨特的洞見及深厚的歸納火候，讓讀者大飽眼福。

品讀本書，不僅可向學術大師、政府官員大師及企業大師學習數位轉型，也向作者詹大師學習「風範」。讀者可從企業決策三要素中，系統性地瞭解並熟悉數位轉型三大類議題：數位轉型是什麼（What）？企業為什麼（Why）要進行數位轉型？以及企業要如何進行數位轉型（How）？不只有理論心法，更有實務方法。透過本書，可以由基礎到進階，遵循數位轉型的心法與方法，詹大師教我們從名詞拆解開始，從「數位」的ABCDEFG各項科技，到企業採用數位的三階段——數位化、數位優化到數位轉型，「以人為本」，藉由「標竿典範」「示範」其數位轉型「規範」，循序漸進推動，持續克服數位轉型面臨的挑戰與障礙。無論是尚未進行、正在進行，或是已領先數位轉型的企業，都能收遵循、檢視與回顧之效。

可預見的未來，進行數位轉型的企業，將逐漸勝出尚未進行數位轉型的企業。由數位科技驅動的轉型企業，正在重塑今日及建構明日的市場。因此，「我們將採用什麼數位科

技進行轉型？用在哪些企業流程持續轉型？我們要如何與我們的客戶共同協作進行數位轉型？」應該是企業界的重要課題。

　　數位轉型既然已是不可逆之趨勢，誠如書中諸多分享，數位轉型必須由企業最高層，「帶頭」承諾，「從頭」做起，紮根企業文化及培養數位賦能為核心的企業人才，激勵團隊，讓企業在正確的數位轉型軌道上持續運行，做出數位轉型貢獻。

　　本書編輯諸多精彩數位轉型企業實務、政策資源與理論心法，即將付梓，承蒙邀序於我。細品本書，思緒共鳴。「一邊閱讀，一邊佩服！篇篇細讀，篇篇感觸！頁頁詳讀，頁頁珠璣！字字研讀，字字卓著！」感佩詹大師整理歸納記錄，流傳為數位轉型典範，於甲辰龍年到來之際，分享一二，作為序言。恭賀新禧！萬物興龍！

中華電信董事長　郭水義

二〇二四年二月四日　立春

歲次癸卯年臘月二十五

【推薦序 5】

數位轉型的鑰匙：
《向大師學習數位轉型》帶來的啟發

　　「數位轉型」是一個重要的時代議題，無論對企業或政府而言，都是讓組織運作升級，跟上社會脈動與世界潮流的作法。當然它不只是一個口號、觀念，最重要的是，具體應該如何落實？在上一本也是由當時擔任資策會產業情報研究所（MIC）所長的詹文男與相關團隊、顧問所寫的《數位轉型力》中，提到了為什麼我們需要數位轉型，讀者可從中理解其必要性、最新的數位科技和觀念，更重要的是，如何對企業進行評估與導入數位科技。除此之外，它也收錄了其他國家重要企業和經典案例的轉型操作，使我們能完善地瞭解數位轉型的 why、what 與 how。

　　《向大師學習數位轉型：臺灣企業案例分析與產業趨勢觀點》則標誌了臺灣企業在數位轉型上的想法、觀念與實踐力，同時也是對本土社會及文化的關懷。它就像是一把鑰

匙，打開我們對於臺灣企業數位轉型的視野。在閱讀書中的
篇章後，可以感受到企業不僅僅是為了單純的營利，也充滿
各行各業為了使顧客獲得更好的體驗──更便利、安全、具
有娛樂與文化涵養的生活，所進行的努力。

　　本書的誕生，不得不提及「數位轉型學院」，它是一個
分享與交流數位轉型議題的知識學習平台，而本書的作者即
是數位轉型學院的共同創辦人暨院長詹文男先生。他在學
院的網路平台上，除了撰寫專欄，還拍攝了一系列「大師
543」的線上論壇影片，邀請臺灣企業的創辦人、董事長或
執行長進行對談，一起聊聊關於他們企業的數位轉型故事。
最後，再將這些影片內容寫成文章，並指出當中的重要觀點
與啟發，讀來令人收穫滿滿。

　　詹院長找來了各行各業的領導人作為訪談對象，他們都
是值得我們討教的大師──每個與談者都在產業裡或企業中
佔有一席之地，在組織的整體營運扮演重要角色。對於產業
的思考，如何推動企業讓管理制度、顧客體驗或工作生產流
程優化，當中採用哪些數位科技或方法，這些都是身為企業
領導階層需要仔細思考的問題。這不僅僅只體現在飲食、生
活、通訊、運輸、娛樂、文化等與大眾日常息息相關的產
業，在書中還提到一個性質相當特別，卻也是與百姓離不開
的宮廟信仰文化，沒想到它也有數位轉型的一天。通常文化

思想上的改變是最不易、也是最緩慢的，但數位科技的發展確實地加快了我們的進程。當然，圖書出版業也屬於文化產業，我想從業者們都感受到了市場的衰退，但積極面對挑戰是未來生存必須有的態度，數位轉型則是需要關注的重要方向之一。閱讀是一個人類獲取知識的重要形式，如何將書與閱讀融入大眾的數位網路生活之中，一直是出版人不斷討論與嘗試的。

值得一提的是，書中的企業個案剖析文章是一大亮點外，關於政府資源和理論心法兩部分，從政府相關單位的部會首長的關於臺灣產業的分析，再到學者多年的研究看法分享，提供我們深入思考的觀點。比如，或許臺灣的許多中小企業仍不知道政府提供了哪些資源和數位工具等，能夠輔助企業的轉型；我們也需要有學者前瞻性的趨勢理解，拓展對這個領域的視野。

相信《向大師學習數位轉型》能帶給企業主、管理階層人員，以及其他對數位轉型議題有興趣的讀者許多新的知識和實用的參考。我想就像詹院長在書中提到的，透過本書的出版，可以加速臺灣產業，尤其是中小企業數位轉型的進程，讀過本書的讀者都能獲得關鍵性的啟發，打開邁向數位轉型之門。

城邦媒體集團執行長　何飛鵬

眾聲推薦

　　近十年間，曾經顛覆商業市場的各種數位工具，如今已成為企業不可或缺的基本要素，然而企業在數位轉型的同時要維持營運，還須升級舊有的核心基礎，讓許多企業管理者對數位轉型感到不確定及焦慮。

　　詹文男博士推動臺灣企業數位轉型不遺餘力，以多元視角觀察企業數位布局的多樣可能性，對各領域產業有獨到的洞察。

　　《向大師學習數位轉型》集結了十餘間成功企業推動轉型時，面臨的策略抉擇及其背後的蛻變歷程，詹文男博士除了將自身專業知識在書中體現，同時整合了政府在數位政策上的資源，此書能帶給你在轉型上的啟發，引導正確的思考脈絡，書中的提示也能幫助你解決問題，順利推動數位轉型，堪稱實務管理者及企業的個案參考教科書。

曼都集團董事長　賴淑芬

企業與品牌的價值必須與時俱進、永遠緊緊擁抱顧客，為顧客提供解決問題，讓顧客感到感動，讓企業與品牌得以永續長青，是所有企業經營者追求的唯一目標。這幾年來，阿瘦致力於數位轉型升級——讓品牌核心價值透過建構數位價值服務鏈深入：社區全人足健康行動力照護與建構美好生活樂園。實踐透過數位轉型運用數位科技協助企業達成長期經營方向、營運模式的整體改變。

我何其幸運能夠結識詹文男博士／院長，多年來持續無間斷拜讀詹博士所有精闢的著作，參加詹博士演講論壇以及數位轉型學院「大師543」的訪談。以上的累積，成為了我在引領公司進行數位轉型與企業變革成長中最重要的能量。喜聞《向大師學習數位轉型》即將出版，這將是朝向數位發展與轉型的您，最佳的引航指南。跟著大師學習數位轉型，一定成行！

阿瘦實業股份有限公司董事長　羅榮岳

詹文男老師是一位亦師亦友的好前輩，致力於推廣企業的數位轉型，每週常常都能看到詹老師對許多企業主的訪問，讓我收穫很多。每個行業面臨數位轉型的痛點是不大相同的，看似一件很簡單的事情要突破，有時卻比想像中困難許多。比如中藥的自動給藥系統，因為種類繁雜，實務上要

數位化就變成很大的工程。對於一個產值低的中小企業，甚至面臨沒有廠商願意協助開發的局面。在人工智能越來越普及的現代，有許多問題也漸漸迎來轉機，比如AI可以學習醫師的習慣用語與用詞，達到更親民的解說服務。這本書搜集了很多有趣的看法與實務經驗，誠摯邀請大家一起閱讀。

　　　　暢銷書《養氣》作者，右東中醫負責人　高堯楷醫師

　　數位轉型的文章雖然不少，但這是一本非讀不可的好書。這本書不只是一座知識寶庫，更是許多位大師的智慧結晶，具有三大特點。第一個特點是每篇文章的主角都是當今產官學界推動數位轉型，最具有代表性的品牌企業、菁英的長官與知名的專家學者，是最佳的標竿學習對象。第二個特點是課題內容涵蓋範圍廣泛而且周延，包括服務業與製造業的不同類型、不同政府部門的政策支援與協助方式，以及學術理論的最新知識與發展，任何人閱讀本書都會有很大的收穫。第三個特點則作者非常用心地編輯，不但彙整每一篇訪談內容的重點，而且還補充作者的大師見解，閱讀本書令人覺得非常享受，受益良多。無論是作為個人進修、團體培訓，課堂的補充教材，這本書都非常值得推薦。

　　　　臺灣大學退休教授，臺灣智慧城市發展協會榮譽理事長
　　　　財團法人都市發展與環境教育基金會榮譽會長　林建元

　　我是自學咖啡的，是透過長期閱讀國內外大師的寶貴文章，深入研究學習與練習，才能創造屬於路易莎的烘豆方程式。

　　消費者的喜好瞬息萬變，咖啡技術也不斷提升，因此，如何透過近年來飛速演進的數位轉型，更貼近與消費者溝通，是成功經營品牌的加速器。

　　看完本書，又讓我從各行各業的數位轉型進行式，無論智能運用、政策資源與理論心法，有了更廣闊的視野與學習方向。

　　感謝教授如此費心規劃，一一採訪蒐集那麼多珍貴的大師心得集結成書，值得推薦給大家，一定要看，內化成為人生學習的DNA。

路易莎咖啡創辦人暨董事長　黃銘賢

　　因緣際會在進出口商業同業公會中將帥學院下所開設的國貿經營策略管理將帥班上，結識了詹教授：「後疫情時代的數位轉型與科技應用」課程，獲益良多！也因此結緣獲邀上了詹老師主持的數位轉型學院之「大師543」節目，透過本節目收集產官學以及各行各業的數位轉型之精華內容，加上作者個人獨到見解與經驗的精華整合，將歸納出來的觀點與啟發之心法論證淬鍊摘要成書，可見詹老師的學識之淵

博、功力之深厚,感佩至極!世杰極力推薦可將《向大師學習數位轉型》作為數位轉型必讀教材,無論是哪一個行業皆可利用數位科技技術來創造新價值,亦可在這條道路上減少失敗,增加成功的機會!

鬍鬚張股份有限公司董事長　張世杰

　　首先要恭喜文男兄出版這本《向大師學習數位轉型》,造福無數企業,得以接軌數位經濟新潮流。誠如文男兄所言,企業運用數位科技大致分為三階段,包括「數位化」、「數位優化」、以及「數位轉型」,但臺灣多數企業仍只到達「數位化」及「數位優化」的階段,離真正的「數位轉型」仍有一段距離。文男兄藉由訪問各個不同產業的老闆,成功地克服了「數位轉型」的學習障礙,讓企業領導人得以「知行合一」,瞭解如何藉由數位科技的協助,重新調整經營方向與營運模式,塑造競爭優勢,達成企業轉型與永續經營的目標。在市場中這麼多本談數位的書籍中,文男兄的大師級著作,勢必引領風騷,因此我特別向讀者推薦本書,也希望讀者讀完後會有滿滿的收穫,恨不得文男兄趕快再出版新的作品來嘉惠讀者。

陽明海運董事長　鄭貞茂

到底是時勢造英雄，還是英雄造時勢？危機亦是轉機，從遊戲業的角度更是如此！

小時候，到大同水上樂園去玩耍，人造浪是個非常有趣的童年回憶，站在原地，隨著一波波的浪潮，慢慢地推進跳躍至不預期的位置。

二〇〇四年進到遊戲產業，數位轉型從端遊、頁遊、手遊至今的產業震盪變化，如人造浪推進一般的不預期又到另一個新世代，被動 vs 主動的意識，哪個階段的時勢造就了此世代的英雄？正如二〇〇七年第一代 iPhone 手機誕生後，正式宣告遊戲王朝的來臨，輝煌至今！值得玩味的是因為遊戲業沒有歷史標竿為基準點，甚至過去的豐功偉業還會成為現在的絆腳石，時勢 vs 英雄可能是遊戲業轉型值得玩味的關鍵字。

經由詹老師的提味，遊戲人生之 543 —— 在夢裡、亦在每個人的心裡。

始祖鳥互動娛樂股份有限公司執行長　錢幽蘭

數位轉型是近年來全球產業共同關切的話題，但許多組織不知如何切入，也被不斷出現的挑戰如「網路安全」、「淨零碳排」、「生成式人工智慧」等議題困擾。其實這些題目都圍繞著資料（data）延伸，企業與政府可思考建構資料

戰略（data strategy）以避免頭痛醫頭、腳痛醫腳。亞馬遜AWS作為全球第一家提供公有雲服務的廠商，十多年來已向全球各行業、新創及政府提供了新經濟發展所需的全方位科技支撐。很榮幸曾受邀在文男兄的節目中分享，也欣見文男兄在大作中透過深入淺出的方式引領讀者，一窺亞馬遜與新經濟發展的堂奧。

AWS臺灣暨香港總經理　王定愷

從事流行音樂工作三十餘年，從類比音樂到數位音樂，載體從黑膠唱片到無實體的串流，這樣的改變，是當年完全無法想像的。每一次的改變，總有人抗拒、有人適應，而抗拒改變的人，默默地就消失在時間的洪流裡了。

不管你樂不樂意，數位化已經是不可逆的趨勢，我們必須學習讓它成為協助我們的工具，而不是阻礙。詹文男老師的這本書，介紹了許多數位轉型的企業，其中不乏典型的傳統產業，令人印象非常深刻，也深深的佩服他們願意改變的心態。

每每和老朋友相聚，難免都會緬懷那些曾經的美好。然而在快速變遷的世界，就讓那些Good old days留在回憶裡，一起學習新的觀念吧。

喜歡音樂總經理　陳子鴻

　　大師543是線上學習的BMW，詹文男兄主持功力使深奧的數位科技變得容易駕馭、精簡又經典，深入淺出兼容易吸收，是直播界的王牌！作者把講者內容萃取精華並連結管理視野提供給企業界參考，等於二次萃取，並經過詹式風味雪莉桶的醞釀，成為更膾炙人口的好酒！其價值提升甚大。

　　書籍的好處是恆久不變，靜靜陪伴你，隨時給你友善的提示，不像網路資訊鋪天蓋地良莠不齊，讓你閱讀疲勞，書籍是陪伴的角色，永遠等你跟它對話。大師543是動態學習，本書是靜態陪伴，兩者各有角色，對關心數位轉型的人兩者都需要。

台新銀行文化藝術基金會董事長　鄭家鐘

　　這是一個各行各業都應該轉型為「科技業」的時代，生活、飲食、運輸、娛樂、藝術等行業都在數位轉型，明基佳世達集團將明基醫院打造成智慧醫院也不例外！

　　數位轉型學院詹文男院長用十五個企業故事、五項政策資源方向和六大理論心法，帶領讀者走上「數位化」、「數位優化」、「數位轉型」的成長階梯。尤其在AI算力大幅提升的今天，提醒你：勇敢想像、大膽創新；用對方法，沒有不可能！

明基佳世達集團董事長　陳其宏

　　《向大師學習數位轉型》是一本引導中小企業實施數位轉型的實用指南。本書深入探討了數位轉型的內涵與必要性，特別是在新冠疫情後的商業環境中。本書透過許多知名企業董事長及專家學者的訪談，分享在實務中如何成功數位轉型的策略及理論心法，以及如何利用數位科技強化營運效率及提升客戶體驗。作者還提出了適用於各行各業的數位轉型方法，以及需要避免的迷思與錯誤，以協助各類型企業與組織規劃自己的轉型之路。無論是企業決策者還是對數位轉型感興趣的個人，都能從中獲得寶貴的洞察和靈感。

經濟部中小及新創企業署署長　何晉滄博士

　　詹文男博士在資策會產業情報研究所（MIC）任職長達三十年，他將多年洞察之心法、觀察企業所得，編纂成冊，此書可謂是臺灣產業數位轉型的寶典。本書分為理論心法、企業實務、政策資源，從策略層面之「道」，到實戰層面之「術」，無所不包，不管是數位轉型初學者或是進階者，均能有所依循。更可貴的是，數位轉型理論百家爭鳴，詹博士廣邀各界名家闡述卓見，可謂集各家心法之大成，無論是一般讀者，或是致力數位轉型的企業主，均不能錯過這本理論與實務並行的《向大師學習數位轉型》！

經濟部技術司司長　邱求慧博士

衡外情、量己力的數位轉型涵養

　　數位轉型是各界重視的課題之一，但往往不知道如何做？或是想要做，卻不知道如何有效推動，這時候，產業的標竿典範就很有示範學習的功能；惟參考標竿典範案例，數位轉型是否可以做出成績，仍要有公司的決策者大力支持，亦須全員認同參與，運用企業資源與管理技能，衡外情、量己力，始能在變動快速的產業環境中有效進行數位化、數位優化、數位轉型。

　　「方向比努力更重要」，這句話詮釋了方向具有類似目標的概念，但是又不同於目標，目標是終點，而方向的作用便是指引到達終點；本書的案例都是歷經多年累積的經驗，是大家可以參考的方向。此外，「大師543節目曾經邀請我去分享經濟部工業局的數位轉型政策資源；在數位產業署成立後也再度邀請我去節目中，與聽眾們說明政府在改組後的數位產業推動重點。此一節目兼具企業實務、政策資源及理論心法，可以讓更多產業界的朋友瞭解數位轉型，並能有所參考依循，在官網上推廣與知識擴散時，謹請讀者與閱聽者幫忙按讚、分享、開啟小鈴鐺，將這些很好的案例散播到更多朋友手上，讓更多公司導入數位轉型，因為大家的幫忙，「數位好，臺灣產業才能更好」，才會有更驚人與快速的進展。

數位發展部數位產業署　署長 呂正華

競爭使得企業在成本控制及經營模式均面臨轉型創新的壓力。過去三年臺灣推動數位轉型因為疫情影響、供應鏈變化、匯率及利率衝擊而加速。如何採用數位技術協助轉型以提升競爭力已經是必要選項。企業在面臨數位轉型議題時，如何將轉型策略、選用資訊技術及調整組織作融合因應，都是重要的思考與規劃。

詹文男教授主持的數位轉型學院，透過臉書及Youtube「大師543」精心策畫訪談的影音節目，將各集的精華內容，包括企業實務、政府政策觀點及學者理論心法，編纂本書《向大師學習數位轉型》，是數位轉型實踐落地的最佳借鏡案例總成，非常值得一讀再讀。

現任中華民國資訊軟體協會理事長、大同公司總經理　沈柏延

《向大師學習數位轉型》是一本啟發中小企業思考轉型升級的指南。內容不僅詳細介紹了數位轉型的理念和實踐，也提供了多元豐富的企業轉型案例，作為中小企業進行數位轉型的參考。幫助產業理解在不斷變化的商業環境中如何運用數位科技來有效應對可能的障礙與挑戰，對於正在尋求創新和轉型的各行各業來說，這本書是不可多得的參考書籍。

政大創造力講座主持人／名譽教授、
中山大學名譽講座教授　吳靜吉

數位轉型與人文創新

數位轉型是當今企業脫胎換骨的關鍵，也是經營上的最大挑戰。詹文男教授親自訪問國內成功轉型的企業領導者，深入對談數位轉型過程中的策略思維和執行技巧，內容豐富多元，深具啟發性，值得企業界朋友參考。

對企業而言，數位轉型不只是數位工具的引進，更是經營轉型升級的契機。人文創新理念從人本需求面出發，尋找市場新藍海，建構一個全新的生態系，實踐社會美好生活的想望，如果與數位轉型共生互補，將能為企業帶來強大的雙飛輪效應，創造更大的轉型機遇。

國立政治大學講座教授　吳思華

兩年多前聽到詹博士從資策會市場情報研究所所長任上退休，覺得非常可惜！那麼年輕、那麼有衝勁、吸收了那麼多的產業養分、還有那麼大發展潛力，就退了下來！結果，他沒有讓我失望，馬上就創立了「數位轉型學院」，開始了他的網紅生涯。藉由訪談眾多的產官學人士，分享他們深刻的數位化體驗、政策構想和想法。接下來，他又把這一連串的訪談，彙整濃縮成這一本有價值的著作，期望達到知識傳承的效果。這本書中分別針對多個行業中標竿企業的數位化

實務、政府政策資源和理論心法等方面，提供給讀者很多推
動數位化的參考。希望這是他的一系列數位化相關書籍的一
個好開始。

范錚強

二〇二四立春於雙連坡

目錄 Contents

PART **1** ｜ 企業實務篇

01 生活　45

前言

　　經過新冠肺炎的衝擊，各行各業對數位轉型這個概念已不再陌生，但真正瞭解數位轉型內涵及轉型步驟，並據以實踐的中小企業仍不太多。基本上要掌握「數位轉型」的內涵並不難，可以從名詞拆解著手。

　　所謂「數位」意指數位科技，例如人工智慧（AI）、虛擬實境（VR）、區塊鏈、大數據、物聯網、5G等資通訊科技（Information and Communication Technology，ICT），企業可以用來提升營運效能及客戶體驗，甚至運用它們進行商業模式的改造。

　　「轉型」則指組織的創新轉型，主要是企業長期經營方向、營運模式的整體性改變，而組織架構、資源配置方式也會因應這樣的改變做出相應的調整。是企業重新塑造競爭優勢，轉變成新的企業型態的過程。

　　而數位轉型就是運用數位科技協助企業達成長期經營方向、營運模式的整體性改變。在轉型過程中，創新轉型是目的，數位科技是手段。一般說來，企業運用數位科技大致分為三階段：

　　第一階段是「數位化」，指企業尚未採用任何資訊系統，為了提升效率，開始評估採用；第二階段稱為「數位優化」，意指在既有的數位化基礎上，提升數位化的水準，改善組織營運效能，強化顧客體驗。觀察臺灣現在大部分的企業，目前都在這個階段；第三階段是「數位轉型」，亦即運用數位科技創造新的商業模式。當企業所處的市場生命週期已至成熟，或組織成長面臨停滯，這時即需思考進行數位轉型，甚至於公司成長階段就應提前規劃。

　　從實務上觀察，臺灣大部分的企業主要還停留在第一及第二階段，亦即仍在從事數位化與數位優化的努力，只有極少數的企業在思考數位轉型。而觀察目前產業進行數位轉型的困難，在於幾個瓶頸：其一是對數位科技及轉型策略的不瞭解；其二是瞭解了，但不知如何做？想要做，卻不知如何評估ROI（Return of investment，投資報酬率）；最後的挑戰是，很想做，沒人也沒錢做。

　　就以上的困難與議題，筆者建議政府應可責成法人或協

調相關公協會,透過生態體系平台的建立,就數位科技在各行業的應用及轉型標竿,進行虛實整合的知識擴散。首先,這個大平台可以提供目前各法人及協會相關的課程、研討會及線上課程的資訊,並提供初步的諮詢。

其二,政府可以透過「三範」的努力來讓產業有實際的學習範例。企業在進行數位轉型前,常常不知從何開始,對整體的轉型藍圖也不知如何進行規劃。政府應在各行業選出具參考價值的企業數位轉型「標竿典範」,經由這個標竿典範來為產業界進行「示範」,讓各產業有學習的對象,瞭解這些公司數位轉型旅程上可能發生的各種問題與解決之道。有了更多的標竿典範之後,可以歸納一些原則性的「規範」,透過這些規範,讓輔導單位或者受輔導單位有方向可循,避免造成雙方認知的落差。

其三,企業數位轉型不必然需要企業一手包辦,部分轉型環節可向外尋求專案服務團隊或廠商的協助,達到事半功倍、專注核心的效果。而向外尋求資源協助時,可運用技術／方案決策矩陣,對各類成熟的方案進行評選,確保效益的極大化。政府也可透過專案計畫來協助企業解決沒人、沒錢的問題。

此書的出版是希望透過一系列的個案訪談,促進讀者理

解數位轉型的內涵，以及組織推動轉型過程中可能遭遇的挑
戰。並透過對「三範」的理解，熟悉數位優化及數位轉型的
真義，且在想要投入數位轉型時，也能瞭解政府相關部會的
政策及可以申請的輔導資源，加速產業的數位轉型。

　　本書內容分為三大部分，第一部分是企業實務篇。與坊
間書籍最大的不同之處在於，本書的受訪者都是企業決策
者。透過他們實際地現身說法，協助讀者掌握個案所處產業
的現況與經營挑戰，以及思考如何運用數位科技來解決組織
面臨的管理與轉型議題。讀者可從中思考和學習不同產業的
企業領導者如何觀察及感知環境變化，進而思考公司的應對
策略與發展規劃，進一步反饋至自身組織未來的可能發展上。

　　第二部分是政策資源篇。透過政府相關部會首長的專
訪，包括數位發展部數位產業署呂正華署長、經濟部中小及
新創企業署何晉滄署長、經濟部技術司邱求慧司長、前政務
委員郭耀煌政委，以及中華民國軟體協會沈柏延理事長等官
員及公協會理事長，協助讀者掌握政府各部會在數位政策上
的規劃，以及相關的數位轉型輔導資源，使欲為自身企業進
行數位轉型的讀者，縮短申請顧問輔導資源的時程。

　　第三部分為理論心法篇。數位轉型並非執行一個專案，
而是一個不斷追求卓越的旅程。在數位優化階段，主要在於

強化組織營運效能及提升客戶體驗，企業應思考如何運用數位科技來優化價值活動（如生產、行銷、人力資源、研發及財務等功能）、價值系統（組織上游、中游及下游）及整個企業生態體系的運作效能，持續地促使組織營運能夠卓越超群；另一方面，在客戶體驗上，也應該思考如何運用數位科技來獲取顧客（顧客樣貌的理解、顧客需求的擷取以及對於顧客訊息情報的掌握）、進行業務拓展（傳遞產品／服務資訊、販售、提供服務管道），以及關係維繫（顧客服務及售後支援）。

也由於數位優化涵蓋組織上上下下各個層面，公司每一位員工都有責任，而不僅僅是老闆或者資訊長才需要關心，每位同仁都應該在自己的崗位上思考如何透過數位科技來強化組織營運效能與提升客戶體驗，以鞏固公司在原有第一事業曲線的市場競爭力，並更進一步配合公司轉型推進第二事業曲線，因此每個員工都應該對數位轉型的相關理論有所掌握。理論心法篇將透過幾位創新、管理及資管大師的專訪，提供讀者相關的理論與心法，協助讀者進一步掌握組織創新轉型的精髓。

此外，除了透過閱讀本書以掌握數位轉型的內涵與企業推動數位轉型的實務外，為了方便讀者進一步學習，讀者

也可透過數位轉型學院的「大師543」的影音專訪（https://www.youtube.com/@DigitalTransformationInstitute），或者podcast（https://podcasts.apple.com/tw/podcast/%E5%A4%A7%E5%B8%AB543/id1646172220）收看或收聽。

　　期許本書的出版可以加速臺灣產業，尤其是中小企業數位轉型的進程，更期待透過此書中企業數位轉型個案的推動經驗、創新的轉型知識策略，以及政策資源的介紹，可以讓數位轉型不再是口號，而是能夠真正地落地實踐！

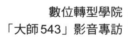
數位轉型學院
「大師543」影音專訪

PART 1
企業實務篇

01 生活

用科技創造人與人之間的溫度

—— 曼都集團 ——

　　臺灣知名的美髮集團曼都，在一九六六年成立第一家店面，走過近六十個年頭後，已是海內外擁有四百多間分店的國內美髮產業龍頭。如今，在第二代賴淑芬的帶領下，經營領域更跨足食品業、醫美業，「事業從愛美做到愛吃」，如此多元化的經營方式，更讓曼都集團事業體創下高達五十億的年營收。這樣的經營成效，反映了經濟學中從核心擴大發展的範疇經濟（economies of scope）概念，讓集團事業體能有市場營銷和差異化的優勢，而事業體轉型的決策，更是曼都集團成長、發展功不可沒的原因。

品牌簡介

　　曼都第一間店位在臺北信義路上，由美髮設計師賴孝義成立。命名為曼都，是取曼妙之都的意思。曼都成立至今，

曾經歷三個轉型階段，首先是剛開始憑藉著精湛手藝和口碑，逐漸成立分店，有了連鎖店的規模，逐步奠定它在臺灣美髮業的一席之地。第二階段是朝向多元品牌發展，在進軍中國市場後，於海外擁有超過一百間門市的數量，也持續在加拿大等地發展門市。第三階段是發展跨領域事業，跨足醫美、髮品，後來也併購知名食品品牌小美冰淇淋。

第二代賴淑芬加入曼都後，在創辦人身邊學習集團相關事務約二十多年，經過企劃、財務到營運等部門歷練而成為總經理，後來於二〇一六年擔任董事長，全面接管曼都集團。

賴淑芬進入曼都期間，陸續針對集團發展進行形象定調、內部體制整合和對外購併、擴展等業務。首先，是有鑑於過去人們視美髮業為不入流的行業，於是重新定位美髮業為時尚產業，賦予此業與潮流美學並進的概念。為此她從外國找來設計師替員工進行教育訓練，也重整曼都形象、經營策略。後來她帶著曼都經驗成立「air HAIR SALON」布局中國市場、加拿大等地，陸續將事業體延伸到海外。持續擴展業務的賴淑芬，更將單一品牌發展為多品牌，二十年來讓集團店數翻為五倍。後來更展開多角化策略，同時經營跨領域事業，目前旗下有六個時尚美髮事業、兩個髮品事業、一

個醫美事業、三個食品事業和七個國際事業。

企業所處產業概況

賴淑芬進入曼都二十多年的時間，每間門市至少一年要拜訪三次，她也發現有穩定的員工，才有滿意的顧客。過去美髮業工作時間長，曼都長年下來只休過年期間五天，加上設計師多半是女性，一旦有了家庭，時間無法配合便會離開公司，但顧客常常跟著一位設計師久了，就會持續找同一位設計師服務，如果人員流動便會影響顧客上門，於是賴淑芬便重新設計制度，讓店長協調員工的彈性休假，當員工能兼顧家庭和工作，就能降低員工流動率。另外賴淑芬也開美髮業的先例，讓店長和具有一定年資的設計師，都能持有一家店的股份，後來持股比例還從三成變為七成，如此一來員工都會為自己的事業而努力，當人員穩定了，自然顧客就會穩定。

在高度仰賴網路資訊的現今，曼都也做出相應的改變。例如顧客獲取相關專業資訊的管道很多，因此出現了不同的消費模式，設計師在與顧客溝通的部分，也出現挑戰。為此曼都建立了全臺灣分店的數位客戶關係管理系統（CRM），可以記錄顧客的消費細節和對話，幫助分店分析顧客喜好，

也讓離顧客端較遠的總部能快速地瞭解顧客消費趨勢。

　　另外，過去曼都在員工教育訓練上，會希望員工能記住每一位顧客的名字，但店內在學的建教生採輪調制，三個月在店內，三個月在學校，於是出現因為人員輪調而有員工記不住顧客名字的狀況。為此，賴淑芬也曾想在運用CRM系統之外，於店內架設攝影機並讓員工連接耳機，當顧客進門時，就可以透過耳機知道顧客名字。不同於過往，以前員工靠記憶力記住顧客，現在善用科技，就可以在未來提供更周到的服務。

　　除此之外，現今網路資訊豐富，顧客對於髮型有較多想法，賴淑芬分享，以前在巡店時發現設計師跟顧客討論髮型三分鐘就可以解決，現在經常要溝通很久。於是，她讓曼都催生出4D智能魔鏡，當顧客坐上位子，就能透過AR科技比對染後髮色，讓設計師與顧客間的溝通更順暢，同時也能記錄顧客的髮型變化。賴淑芬認為，臺灣很小，競爭性相對強，在數位化時代如何讓顧客輕易地找到個人特色很重要，為此曼都的行銷比照零售通路，開啟Google map、Line官方帳號，在線上增加跟顧客的互動，也能強化線上線下的連結，帶來更多商機。

企業的願景與藍圖

曼都跨足食品業與醫美業，讓集團的發展朝向多角化經營。對賴淑芬來說，「美」和「吃」都是人們生活中很重要的一部分，因此集團能專注做好這兩個領域的事業，便能讓人們關注到曼都這個品牌。

像是曼都定義美髮業即為時尚產業，當曼都往時尚的角度發展，就有更多創新的可能。賴淑芬舉例，在重新定位美髮業的角色後，員工以前只要專心學做技術，現在還要學畫畫和表演，因為可以訓練員工擁有更輕鬆的肢體語言，也能提供顧客更自在的服務。又例如經營小美冰淇淋，賴淑芬將品牌定位為替生活注入幸福感的甜品，有別於過去只是為了消暑而吃的冰品，重新塑造小美冰淇淋的形象後，又讓這個品牌多了一分吸引人的特質。

在美髮業所開發的服務，也在很早就將小孩到長者等各年齡層涵括進來。面對即將到來的高齡化社會，曼都集團旗下的事業體在經營上也有相應的策略。賴淑芬認為高齡族群通常經濟無虞，所以集團內「美」的、「吃」的事業就需要重新定位來因應市場。像是美髮業的頭皮養護，鼓勵人們從年輕開始保養頭皮，就能讓髮根更堅韌，也能讓頭髮在往後健康生長。曼都向來所注重的親切服務，也長年忠實地陪伴

顧客，當長者對曼都有了感情，就能在未來成為他們記憶中最暖心的存在。

曼都走過將近六十個年頭，希望扭轉美髮業給人的低端印象，從傳統產業轉變為時尚、注重美學的產業，並透過經營讓曼都這個品牌走向國際化，成為百年企業。

數位科技在企業中的角色

顧客是服務業中重要的一環，曼都為了更瞭解顧客，以數位系統記錄顧客的喜好，目前已經幫助員工提供更好的服務，也能幫集團開發新的產品。後來企業還推出電商「曼都好物生活網」，在線上販售髮品、保養品，還有超過百種的美妝、香氛產品，讓原本受限於髮廊場地販售的商品數增加五倍。

在新冠疫情期間，當服務業實體門市受到巨大的衝擊時，曼都更是透過數位化的方式，以數位客服系統即時解決顧客的問題。相較過去以人工電話服務的形式，能更有效率地提供解決方法、節省人力。

未來曼都的事業體也會增加更多數位化的應用，例如食品業會運用溫度雲，在製造到配送的過程中，以科技進行溫度監測，讓食品在到達顧客手中前都能有適當的品質。

與員工共同成長

曼都成立將近六十年，領導者的耕耘，是奠定集團發展的重要根基。從創辦人賴孝義到現任董事長賴淑芬，都相當注重新資訊的學習，因此只要有好的課程，都會請企業幹部、分店員工一起學習、成長。賴淑芬舉例，於新冠疫情期間，曼都跟學校一樣停課不停學，先請講師錄製課程，並且每週讓員工觀看二十分鐘的學習影片。當時受限於實體見面交流，曼都還曾經讓全台各店一起上線，用抽籤方式邀請分店員工分享課後心得。如此一來，全體能共同成長，讓企業發展能有一起努力的方向。

給二代接班的建議

賴淑芬在二十七歲就進入曼都集團學習，經過多年歷練成為集團董事長。回首一路以來的經驗，她認為二代接班最重要的是學習做人處世的方式。因為身為二代經營者，小成功靠個人、大成功靠團隊，如同創辦人賴孝義的提醒，做人要氣和志堅，當立定目標就要堅定實行；跟員工幹部溝通的姿態要能柔軟，只要與人有好的溝通，就可能把企業做大。

觀點與啟發

- **連鎖擴展與品牌多元化**

  曼都從一家單一美髮店發展到擁有多家連鎖店，並進一步拓展到多元品牌經營，是典型的市場擴展策略。這一策略不僅增加了曼都的市場覆蓋率，也提升了品牌的影響力。企業可以從曼都學習如何通過連鎖經營和品牌多元化來拓展市場與提升營收。

- **跨領域擴張與綜合化經營**

  曼都從美髮業務拓展到醫美、食品等領域，展示了成功的跨領域經營策略，也是範疇經濟（economies of scope）的發揮。這種多角化經營策略有助於分散風險，並可以為公司帶來新的收入來源。其他企業可以從曼都的案例中學習如何通過多角化策略來強化公司的市場地位。

- **品牌重定位與拓展新市場**

  在經營挑戰上，由於美髮的傳統形象，曼都先進行品牌重新定位，將美髮業定調為時尚美髮設計，英文品牌名稱也改為Mentor，改變客戶對品牌的認知。而針對年輕族群，也併購年輕品牌，以做出市場區隔。

● **企業文化與員工發展**

董事長賴淑芬對於員工的關注和培養，尤其是在工作時間安排和股份激勵方面的創新，是提升員工滿意度和降低流動率的有效策略。這種以員工為中心的企業文化有助於提升員工忠誠度，增強公司的競爭力。讀者可以學習曼都如何透過改善工作環境和提供發展機會來培養和留住人才。此外，曼都除了重新將美髮業定調為時尚性質的美髮設計，希望改變人們對美髮的傳統看法。目前企業也將朝國際化發展，並透過改變集團體制、加入數位轉型，讓員工覺得這個領域可以終身投入，以解決人員流動率高的問題。

● **數位化轉型與顧客關係管理**

曼都透過數位科技改善顧客服務和提升客戶體驗，這是當今企業因應數位化時代的重要策略。通過CRM系統和數位化工具，曼都能更有效地瞭解和滿足顧客需求。這一點對於任何希望在市場的激烈競爭中保持領先的企業都是重要的學習。

● **永續發展與市場預測**

面對即將到來的高齡化社會，曼都即時調整策略以適應市場變化，如針對高齡族群的頭皮養護服務。這種

前瞻性的市場預測和產品創新有助於企業抓住新的市場機會。其他企業可以從中學習如何根據社會趨勢和市場需求進行產品和服務創新。

綜上所述，曼都的成功不僅在於其業務擴展和多元化策略，更在於其對員工的重視、數位化轉型的實施以及對市場變化的快速回應。這些策略和實踐為其他企業提供了寶貴的學習機會，尤其是在人力資源管理、數位轉型和市場策略規劃方面。而二代接班是臺灣產業目前最大的議題之一，企業如何將傳承、創新、轉型畢其功於一役，曼都的個案值得借鏡。

用科技創造人與人之間的溫度
曼都集團

始於足下、擴及生活的
綜合事業體

—— 阿瘦皮鞋 ——

　　談到臺灣的鞋履品牌，老字號的阿瘦（A.S.O）絕對是大家常常提起的品牌之一。阿瘦皮鞋從一個小小的擦鞋攤起家，憑藉對品質的堅持還有具前瞻性的經營方式，歷經六十七個年頭後，已經在臺灣擁有超過一百家分店，還將足下事業擴展至食、衣、住、行、育樂等領域，可以說是一個生活型的綜合事業體。能夠讓阿瘦集團成功經營跨領域事業的原因，除了品牌一直以來對於人的細膩關懷，不斷在經營上導入數位科技的管理、研發方式，也是讓品牌能延伸出創新、多元提案的原因。如今他們也從鞋履出發，提供大眾全身健康、美好生活的想像，讓足下事業有更多發展的可能。

品牌簡介

　　阿瘦皮鞋於一九五二年創立，品牌名稱源自於創辦人羅水木因為身材纖瘦而有的綽號。剛開始阿瘦擦鞋號只是臺北延平北路上的一個攤位，創辦人秉持著「擦三遍、亮三天」的理念，讓他擁有很好的口碑。後來創辦人觀察到過路客也會買鞋，於是開始賣起鞋子，接著開工廠自產自銷，也讓擦鞋攤在十八年間，逐漸發展成賣鞋攤，最後開起第一間賣鞋店。

　　而後阿瘦經營事業擴大，在臺北陸續開起四間鞋店，這也讓他開始思考如何能將鞋店的版圖拓展到中南部。一九八〇年代，剛退伍的第二代羅榮岳原本要從事建築設計，聽到父親想要擴展店面的心願，加上觀察到百貨公司和連鎖店必定會蓬勃發展，於是加入父親的鞋事業，一路憑著不斷創新，至今已在臺灣開設一百一十多間店面。

　　除了在賣鞋本業上的長年專精，阿瘦集團也依據時代脈動開始思考轉型的可能，於是二〇一六年跨足生活用品和醫療保健市場，陸續成立美好生活優質購物網等品牌，實現提供顧客「美好生活」的理念，讓集團累積了一百八十多萬會員。

創辦人從擦鞋攤開始，因為提供細膩的服務，讓他能擁有好口碑並陸續擴展分店，到了第二代加入，過程中不論是推動新的商業模式，或是加入數位科技運用，都能因為秉持追求品質、提供最好服務的信念，而讓阿瘦成為全台家喻戶曉的鞋履品牌。目前阿瘦集團以「足下健康」、「美好生活」為主要經營方向，持續與大眾分享更多元的產品，也因此延伸為多角化的經營模式，提供更豐富的線上與線下服務。

企業所處產業概況

以「足下健康」、「美好生活」為理念出發，讓阿瘦集團在本業上精進、提升之外，也開始發展跨領域的事業。

在本業上，顧客的需求隨著時代出現變化，阿瘦在各階段也有不同的經營之道。董事長羅榮岳觀察，一九七〇、一九八〇年代對好皮鞋的定義是要堅固耐穿，後來則演變為要舒適好穿，當人們的生活品質提高，大眾對於皮鞋的定義就變成追求流行、美感，所以阿瘦經歷了「真」、「善」、「美」等三個階段。如今科技發達、經濟水平提高，人們也開始追求鞋子的機能性，例如可以運用科技強化鞋子設計、運用材料或技術，讓鞋子可以符合像是運動等場合的需要，因此鞋子的分類開始變得精細。阿瘦也在真、善、美之外，延伸出

對「新」的追求,在穿得久、穿得舒服、穿得美之外,提供更多機能的足下選擇。

由於觀察腳對於人體健康有重要影響,因此阿瘦不斷研發襪子、鞋子到鞋墊相關的產品,近年更聚焦在健康促進的主題,展開各種產品的研發試驗,例如阿瘦經過測試後發現鞋墊差半碼對於人體姿態就有影響,於是推出客製化鞋墊。其他還有研發小腿、大腿、髖腰和背脊的輔具和護具,並在取得醫療證號後上市。

美好生活的部分,是在擁有健康之後,延伸而出的多元生活產品。由於阿瘦的會員數量多,累積了不少忠實顧客,因此也有龐大資訊可以分析會員的喜好。於是他們開始思考如何與會員的生活連結,販售更多產品。其中「羅媽咪廚房」年菜是多年來營收相當可觀的品項,源於阿瘦在經營過程中的溫暖關懷。

羅媽咪廚房的名稱來自羅榮岳一輩的小孩對於母親的稱呼,早期阿瘦鞋店在台北還是只有四家店的時代,員工大多來自宜蘭,除夕夜位於迪化街的店面因為人潮較多而營業至半夜一、兩點才關門,當時羅榮岳母親看到員工工作辛苦又無法回家吃年夜飯,於是每年除夕夜便自己準備年夜飯跟員工分享,菜色包含佛跳牆、控肉竹筍等,後來老員工想起來

仍然懷念，也因此在集團內催生出提供給會員的年菜品項。

企業的願景與藍圖

阿瘦從擦鞋起家，後來開始修鞋、賣鞋，在全臺開起連鎖通路，並於近年開啟跨業合作，對董事長羅榮岳而言，這就像是建立生態圈，可以讓其他人在這裡提供研發技術和模式，進而產出更多具體的產品和服務內容，也能讓相關事業可以擴大發展。

羅榮岳董事長認為臺灣現已進入高齡化社會，所以在集團的服務上可以擴及身心靈的服務。其中足健康主題是集團持續務實提升的項目，以此為中心，便可以擴大推出照顧全身健康的產品。當人們將身體健康照顧好之後，便有行動力可以享受更多的生活，於是有生活類的產品可以提供人們使用，未來也可能發展出照顧心理的服務，為顧客打造身心健全的日常。身為基督徒的羅董事長，更期許阿瘦在一百週年時，也能發展到提供靈性領域的服務，讓阿瘦集團成為照顧到顧客身心靈各層面的生活綜合事業體。

數位科技在企業中的角色

產業變化快速，阿瘦集團在約十年前即已思考轉型，除

了在產品研發上不斷導入科技，也重新構思新的零售商業模式、服務流程，將數位轉型視為集團的要務。而業務數據化，就是其中一項關鍵的做法，如今他們累積的一百八十萬會員，有眾多數據可以做為內部分析，也可以跟很多研究機構嫁接大數據資料庫，在產品上提供更多可能，進而拓展商業版圖。

在產品研發上，阿瘦觀察到某些疾病如阿茲海默症等，在病發前會有像是走路不穩的徵兆，這也啟發他們推出可以測量足壓的數位系統，幫助顧客找到適合自己的鞋子，同時預防疾病產生。在歷時五年與工研院合作研發後，阿瘦於二〇一八年推出「動態足壓量測」系統，顧客可以穿上有一百七十八個感應器的鞋子，測量足壓分配、步行時是否有內偏或外偏。相對於其他國外鞋履品牌在各旗艦店推出的小規模靜態「足型量測」服務，阿瘦此系統以動態方式協助顧客測量足壓，比對過去以靜態方式檢測，更能測出步行時的腳部變化，目前也在一百多家店面為超過萬名的顧客進行測量、選鞋，幫助顧客在選鞋上降低腳部不適的狀況。而此系統也由於分析顧客累積下來的足壓數據，可以幫助集團訓練門市人員為顧客挑選適合的鞋款，或以客製的方式製作鞋墊。

另外重視服務的阿瘦，也將傳統上用來讀取銷售資訊的

POS系統（銷售時點情報系統）提升為分析員工與顧客互動紀錄的POS 2.0，不僅可以優化服務細節，也能因此帶動銷售。在集團內部，阿瘦也導入微軟的Power BI資料視覺化工具，讓員工可以處理大數據、快速建立視覺圖表，並進一步以此推出行銷專案、分析各項業務，往後也將這些數據做為機器學習的模型訓練素材，更有系統地整理顧客的足健康量測資料等。

觀點與啟發

- **穩固基礎與品牌的發展**

  阿瘦皮鞋由擦鞋攤起家，逐步轉型為賣鞋業務，展現企業基礎穩固，再逐步拓展的策略。這個過程中，創辦人的堅持和對品質的注重為品牌奠定了良好的口碑，這對於任何企業的長期發展都是至關重要的。

- **持續創新與市場策略的調整**

  阿瘦皮鞋在不同時代隨著顧客需求的變化而調整產品策略，從注重耐穿，到舒適性，再到時尚感，展示了企業必須持續創新並適應市場變化的重要性。這種能力使企業能在競爭激烈的市場中保持領先。

- **多角化經營與品牌延伸**

  由於累積超過百萬的客戶，為擴大對客戶的服務，阿瘦逐漸跨足生活用品和醫療保健市場，創立了多個品牌，充分發揮範疇經濟的效益。從鞋業擴展到生活用品和醫療保健市場，阿瘦皮鞋的多角化經營策略增加了收入來源，降低了市場風險。這種策略是現代企業在面對市場飽和或增長放緩時的常見做法。

- **會員系統與數據分析的應用**

  阿瘦皮鞋運用會員系統和數據分析來更深入地瞭解顧客需求，這不僅提升了顧客體驗，也增強了市場競爭力。在數位化時代，利用數據來優化決策和服務是企業維持競爭力的關鍵。

- **持續關注高齡社會及健康趨勢**

  阿瘦皮鞋將「足下健康」及「美好生活」作為其主要經營方向，反映了對當前健康趨勢的敏感度。這種策略不僅符合市場需求，也能開拓新的機會。類似的例子是日本保養品牌資生堂，該公司觀察到長者很少出門，於是提供化妝教學服務，請彩妝師到府教導不願出門的長者化妝，當長者自己感覺變美麗就願意出門、出門接觸到群眾就變得開心，這樣就會成為好的

循環。而當人擁有健康時，就會願意享受生活，也更願意消費。

● 共好經營創造雙贏

阿瘦集團因為創立鞋店篳路藍縷，所以在集團經營上相當重視共好的經營，並以建立生態圈的角度，廣納各路英雄豪傑，一起分享技術和產品。就是在系統整合（System Integration，簡稱SI）中採開放創新（open innovation）的模式納入外部資源，與他人共同創造更大的商業價值，也可以提供廣大客戶更多元的需要，這也是未來市場競爭重要的優勢來源。

綜上所述，阿瘦皮鞋透過其創新精神、市場策略的持續調整、多角化策略、會員與數據分析的運用、對社會趨勢的關注，以及共好經營而在臺灣市場上取得成功。這些策略對於希望在市場中保持競爭力和持續成長的企業來說，提供了有價值的參考。

始於足下、擴及生活的綜合事業體
阿瘦皮鞋

結合數位科技的新中醫服務

—— 右東中醫 ——

醫療結合數位科技發展下，至今已有不少先進技術讓人們能獲得更完善的治療，甚至也能運用於醫療管理，幫助改善醫療環境的品質。除此之外，在新冠疫情期間，醫療體系也因為數位科技而有低接觸、零接觸的診療方式，在緊急時刻嘉惠許多病患，在未來甚至可以發展出超前部署的機制。右東中醫診所的負責人高堯楷醫師，為暢銷書《養氣》、《養心》的作者。他投入中醫治療已有十幾年，行醫結合氣功的灌氣方式幫助病人針灸，為個人獨特的針灸手法。透過他的分享，一起瞭解數位科技如何運用在治療、醫療管理以及讓更多人受惠的醫療服務。

診所介紹

右東中醫診所位於高雄，由高堯楷醫師成立，同時也是

診所負責人。高醫師有中西整合醫學的背景，具中西醫雙執照，現為陽明醫學大學腦科學博士班研究生。大學時期為了讓自己的醫術變更好，曾故意吃錯藥，再想辦法自行救治。那個時期高醫師也開始學習氣功，將針灸結合灌氣在門診中為病患進行治療。二〇二一年，於臺北成立大安中醫診所、大安身心研究所。

企業所處產業概況

　　現在的中醫已經和二十多年前的中醫環境不同，高堯楷醫師分享個人從事中醫行業，是因為只能在中西醫雙執照中選擇一張執照使用，當時考量到西醫要值班、醫療糾紛多，且同時中醫開始變得熱門，於是他便決定在中醫執業。後來中醫系的學生名額廣招，加上西醫也開始研究針灸，出現以乾針或用生理食鹽水注射穴位的方法為病患進行治療，因此中醫的針灸優勢不如以往，再加上後來中醫用藥出現疑慮，例如出現重金屬成分，所以中醫也開始需要另外尋找優勢，才能在醫療環境緊繃的市場中走出自己的道路。

　　面對中醫環境碰到的困境，高醫師認為中醫師要具備其他的個人專長，才有可能在未來不被取代，而練習氣功便是其中一種方式。由於氣功屬於高門檻的鍛鍊方式，功力完全

靠個人平日修練而來，所以不會被時間取代。此外，過去中藥的優勢為取用特殊的藥材進行治療，如今有些藥材因為野生動物保育法的關係被禁用，又或者某些被禁用的藥材因為沒有專業人才支撐相關專業市場，所以消失在中醫用藥材料中，例如中醫鎮靜安神的硃砂因為有泡漬處理，所以屬於無毒藥材，但因為缺少相關專業市場，所以無法成為用藥配方，這也導致用藥環境的緊繃。面對中醫現今的用藥環境，高醫師認為若政府能投入人力重整中醫傳統上如黃金冶煉、重金屬冶煉等內容，便能再次凸顯中醫的特色，打造更令相關從業者更有信心，也讓病患安心的醫療環境。

智慧醫療的未來性

　　智慧醫療除了可以應用於治療，也可以運用於管理。新冠疫情時期，中醫因為健康安全考量，也快速轉向進行低接觸、零接觸的診療，高醫師也在那段期間啟動相應的診療方式。以針灸為例，在初期轉型為低接觸時，他透過施作頭皮針讓接觸低於十五分鐘，取代體針的長時間接觸。同時他也利用這十五分鐘進行問診，最後就能在短時間內完成一位病人的看診。另外政府開始推動遠距醫療，高醫師也遠距利用氣功的方式觀察病患身體能量變化，輔助診斷身體狀況。只是目前這樣的方式礙於法規限制，所以還未有實證的方式可

以公布於眾。在診療的數位應用方面,高醫師則引進於陽明醫學大學腦科學研究所習得的血氧、心律變化等系統進行實驗,幫助判斷針灸效果的持續時間。一旦研究成功,未來便能讓民眾在家進行耳穴操作,能在必要時降低診療接觸機會。

在醫療服務方面,高醫師認為智慧醫療也可以改善掛號時的健保卡問題。健保卡插卡的讀取時間太久,以人工掛號的方式卻相對快速許多。高醫師分享,未來若是掛號能結合健保卡、悠遊卡和人臉辨識系統,就能加速掛號的時間。除此之外,包藥也可以透過數位科技改善包藥時間太久、包錯藥的問題,例如透過機器的研發讓包藥過程更便利、更精確。目前國外已經有可以用按鍵下指令包藥的機器,但目前只適用於顆粒藥,中醫的粉狀藥便不適用於這種機器。目前臺北雖然有中醫診所以機器齒輪的轉速控制藥粉的重量,但中醫藥材種類高達兩三百種,要能設計出能應用於多種的藥材的齒輪,仍是一大挑戰。

在營運上,智慧醫療也可以運用在組織管理,例如診所規模逐漸擴大,稅務系統的計算方式、人員調動的方式也可以透過數位轉型解決。高醫師分享,未來若自己的中醫診所能擴展成醫院,最需要的就是語言協助,因為只要有記錄下

來的診間案例、臨床案例和心得，就可以在發布時馬上轉換成各國語言，於各國平台上公布，這樣全球醫療從業人員就能透過平台資訊進而瞭解、治療相關疾病，形成一個線上的國際醫療社群。若客戶希望到臺灣來診療，也可以在線上規劃相關的住宿與交通，方便客戶安排醫療行程。

觀點與啟發

• 差異化優勢的尋求

基本上，企業經營首要是市場的選擇。如何選擇具潛力且長期發展看好的市場區隔，麥可‧波特（Michael Porter）的產業五力分析可以提供相關參考。而在市場選定之後，也需要有差異化的競爭優勢，從高醫師的案例可以瞭解其差異化的優勢所在。高醫師將中醫傳統治療方法（如針灸）與氣功相結合，這種創新的融合方式，不僅提高了治療效果，也增加了醫療服務的吸引力。這一策略反映了在傳統行業中融入跨領域技術的重要性，可以為傳統服務增添新的價值。

• 專業多元化與持續學習

高醫師持有中西醫雙執照，並積極進行相關研究，展現專業多元化與終身學習的重要性。在當今快速變化

的醫療環境中，持續學習和跨領域知識的積累，是提升醫療服務品質和滿足患者需求的關鍵。

- **應對行業挑戰與尋找新優勢**

  面對中醫行業的挑戰，如針灸技術被西醫所吸收、中藥材使用受限等，積極尋找新的優勢，並呼籲政府投入資源重新整理傳統中醫知識。

- **臺灣智慧醫療的國際發展潛力**

  高醫師提出的國際醫療服務構想，如線上醫療資訊分享、治療翻譯服務等，展示了中醫服務拓展國際市場的潛力。在生成式AI（如ChatGPT）發展迅猛的今天，此一構想相信很快可以實現。

- **除了以上高醫師所提的智慧醫療的應用之外，智慧醫療可以運用的領域還包括：**

  ◇ **醫療行政：**

  - **優化醫療作業流程：** 例如智慧櫃檯提供民眾自助報到、醫院導覽、智慧藥櫃管理藥物與配藥警示、移動工作站即時監控病患狀態、遠距醫療指導、移動機器人協助藥物檢體運送、打掃消毒等。

－ **數位病房管理：** 例如智慧點滴即時傳輸用量、數位床頭卡顯示病人資訊等。

◇ **檢測診斷：** 包括 **即時隨處診斷**，如運用手持裝置掃描、記錄皮膚病灶，結合手機平板進行超音波掃描；**持續性量測記錄生理狀況，** 透過穿戴式生理裝置量測、記錄生理狀況，出現異常時提供警示。

◇ **手術治療：** 手術資訊呈現、半自動化手術操作、VR臨床手術培訓等。

◇ **照護復健：**

－ **病房護理協助：** 智慧病床、地墊感測以防病患、長者獨處房間過久未動、跌倒，提供病患與護理人員溝通，及調控住房室溫、濕度、照明等。

－ **輔助個人生活自理：** VR進行術後復健、心理認知療法，護具感測記錄病患復原狀況，智慧手環確認病患位置及適時溝通等。

透過數位科技可以協助強化醫院營運效能，並提升客戶體驗，未來也可以在醫藥開發及精準醫療上扮演更關鍵的角色。

　　總體言之，右東中醫診所的案例展現了如何在傳統醫療服務中融入新元素，以及如何透過持續學習、專業多元化和創新策略，來提升醫療服務品質和滿足現代患者的需求。同時也突顯了智慧醫療的未來發展潛力，以及拓展國際市場的可能性。

結合數位科技的新中醫服務
右東中醫

以數位與文創翻轉傳統宮廟的信仰文化

── 北港武德宮 ──

　　北港武德宮主祀五路財神之首，也就是中路財神趙公明，為臺灣首座正統財神廟，海內外分靈迄今已達八千多尊，可謂兩岸三地及至全世界華人財神信仰的根據地。武德宮自民國五十九年發跡於北港一家中藥房內的小神壇，隨著各式神蹟廣傳，香火逐漸鼎盛，於民國六十七年搬至現址，並不斷擴建，至今廟宇相關腹地更達七千多坪。自現任主任委員林安樂接手經營後，開始積極投入傳統宮廟的轉型。不僅以武財神的神騎黑虎將軍打造文創品牌，更將數位科技導入宮廟經營中，大大提升了內部團隊管理以及對外信眾服務的效率，企圖利用現代科技技術的優勢，讓總被視為傳統、守舊的信仰文化，在現代生活中以新的面貌延續。

中藥房牆角的神蹟

　　武德宮的發源地原是創辦人陳茂霖先生於民國四十四年開設的「保生堂中藥行」，而在購得此地之前，他便聽說前幾任屋主無論自住或開店都不太安寧，但他秉持著懸壺濟世的正氣，一開始中藥行的生意蒸蒸日上，一切皆安康太平。唯一令人感到奇怪的是，老闆娘不時夢見一位身材高大、黝黑魁武的壯漢於床頭怒視。開業沒過幾年，某日老闆娘被發現昏倒於廚房的爐灶前，此後身體狀況便每況愈下，連同為醫者的陳茂霖都束手無策。在萬念俱灰之際，因老丈人的推薦，求助於東興廟的池府千歲，經神尊降駕指點，才得知中藥行的宅邸內有位「內神」，須於原本灶台的位子設置香爐，每日虔誠祭拜，老闆娘的病才會有所好轉。

　　陳茂霖半信半疑地照著池府王爺的指示，重新改變廚房空間的格局，並在牆角一隅擺上香爐祭拜。過沒多久，老闆娘果真不藥而癒，經歷過此次神蹟後，陳茂霖受到感化，一改無神論的信仰觀念，更加虔誠供奉牆角這位不知名的神尊。七年後，或許是他的誠意感動了這位「內神」，決定和陳茂霖結緣，扶乩告知神尊身分為武財神趙公明。陳茂霖於是依照旨意，重塑財神爺金身，於中藥行內部開宮設壇，歡迎各地信眾前來祭拜。自此香火鼎盛，並在眾多香客大德支

持下，原本的屈居灶房一角的小小神壇，逐步發展至現今的
規模。

百年信仰的現代轉型

二〇二四年年初，北港武德宮於官方Facebook粉絲專
頁上公告，邀請到日本超人氣佛系音樂人藥師寺寬邦於今年
除夕晚會上開唱。此消息一出，隨即在各大社群平台上掀起
一波波討論聲浪。為回應網友們的廣大迴響，武德宮亦積極
規劃網路直播等方式，讓更多信眾粉絲共襄盛舉。北港武德
宮透過與時下話題人物合作，在流量當道的資訊社會，善用
網際網絡與社群平台創造話題，成功將自身祀奉的神祇形象
與傳統價值向年輕一代推廣。

如何蛻去守舊、古板的傳統包袱，讓已延續百年香火的
信仰能在現代生活中繼續傳遞，是現任主委林安樂從母親身
上接下宮廟經營權後一直不斷思考的。他頂著台大經濟系以
及政大金融所的高學歷，在接棒經營之初，憑藉著在金融業
打滾多年的經驗，將現代商業經營與管理模式帶入宮廟營運
體制。而在當時，武德宮的武財神信仰雖已頗具規模，但若
要將信仰持續傳遞，造福更多潛在信眾，武德宮相較偏僻的
位置，便成為推廣的一大隱憂。於是，林安樂思索，既然無

法拉著大家來看到我們，不如直接將武德宮帶到大家眼前，於是利用網路線上發展便成為一個突破點。

林安樂便從官方網站的架設開始，由網站的視覺設計著手，企圖以具現代風格、有質感的設計，呈現傳統信仰的輝煌與氣派。並且他以武財神坐騎黑虎將軍的形象發展文創商品，從香火袋、扭蛋、公仔到存錢筒、潮T、潮帽等，將北港武德宮打造成一個親民，且同時具有一定品味和美感的品牌，藉此拉近與當代信眾之間的距離。

另外，為響應政府針對宗教廟宇制定的環保減香政策，林安樂與團隊溝通，和許多不同廠商合作，嘗試將香灰摻入文創公仔的製作原料，在經歷數次實驗後，最終結果十分成功，其中數款公仔的香灰含量更高達百分之五十，透過香灰的加持，擁有公仔便等同於領受了神明的直接庇佑以及數千萬信眾祝願的力量，同時也讓燒完的香灰不落地，達到廢棄物減量的效果。

而廟埕前世界第一大的天庫金爐，在設計之初便保留了近八成的對流空間，窄口的煙囪設計，讓燃燒時產生的廢氣與懸浮物在爐內往復循環，做到物理性的減排，另外近期興建中的另一座地庫金爐，更加入碳隔離設施的設計規劃，預計能實質性的阻擋、過濾懸浮粒子，大大降低空氣污染的可

能。北港武德宮以令大家有感的實際行動，打破了傳統信仰與環保永續的對立，向大眾宣示民俗信仰同樣跟得上時代的腳步。

為了方便打造品牌協助營運，除了積極招攬人才之外，數位科技的導入也成為關鍵，例如：當日本機器人剛開始問世時，他即嘗試運用其擔任廟宇導覽的「志工」；而現今生成式AI迅速發展，林安樂便積極採用生成式AI來協助講解經文，結果發現無論是在講經逐字稿的重點整理，或是根據既有逐字稿內容，簡答信眾的問題，AI都能輕易勝任，甚至回答的比他還好。

就此，林安樂便更加善用生成式AI協助諸如網站公告、新聞稿、法會消息的文案撰寫，甚至是籤詩的轉譯與解籤，大大地減輕員工的工作負擔並藉此提升整體效率。而後更準備以人工智慧技術與既有的客服資源串接，打造二十四小時在線服務。

以數位科技服務信眾

北港武德宮的數位轉型可謂是臺灣宗教界的先鋒，於十二年前便在林主委的主導下展開。其目的除了上述的品牌行銷，更多的還是在於如何優化信眾們的信仰體驗。

例如林安樂看見每年為了點光明燈，不辭千里跑來的信眾，卻因為數量的限制而撲空，於是開放線上點燈服務。只要在每年指定的開放日期到官網上進行登記，登記成功後即完成點燈儀式，之後會由廟方人員再替信眾實體點燈。此舉不僅免除了信眾們舟車勞頓之苦，更讓武財神的福澤得以突破地理限制傳遞下去。

同樣是服務信眾，林安樂更將普遍運用於企業的客戶關係管理系統（CRM），將宗教信仰的心與行化為實際的指標，以此鑑別信眾們信仰的虔誠程度，藉此擬定每年的感謝名單；或是決定誰能優先獲取資格參與有名額限制法會，同時讓信眾們能產生所謂「人在做天在看」的感覺，自己做的努力都有被看見，進而強化信眾們對信仰的堅定程度。

而於二〇一八年正式落成的「三學舍」，同樣也是在看見了信眾們前來參拜所衍生出的住宿需求，林安樂特別重新裝潢改造舊有的香客大樓，在原有建物上融入現代的設計風格，並首創以一卡通作為門禁系統，打造成結合人文、藝術、信仰、記憶與科技的休憩空間，同時還備有多元化的會議室，為的無非是讓每個前來的香客，在朝聖的旅途中也能賓至如歸。

近年武德宮更與全球指標性區塊鏈公司奧丁丁集團合

作，進行線上線下的虛實整合，首度開闢武德元宇宙，由武德宮旗下買樂文創進行設計，推出「十年錢母」、「財神趙公明」等兩款NFT。同時為了使得信眾能實體有感，購買兩款NFT的信眾皆將獲得相應的加持物，前者為連續十年由武德宮發行的錢母兩份，後者為獨家發行、與NFT同款樣式的武財神香火袋。這些有別於以往的宮廟信仰方式，像是透過NFT的收藏，信眾將以一種新穎的方式體驗到武財神的眷顧。

綜上所述，在北港武德宮的案例中，我們看見數位科技如何協助傳統廟宇進行轉型，讓無形的傳統宮廟文化透過科技技術延續，拉近與信眾之間的距離，讓信仰的價值隨著時代找到存在的方式，持續伴隨現代人的心靈。

觀點與啟發

● 策略轉型與創新

武德宮透過數位科技和文創產品的引入，成功地將傳統信仰文化與現代科技結合，並內嵌文創元素，展現了策略性轉型的典範。這也反映了資源基礎理論的觀點，盤點運用組織內的資產與能力，包括有形資產與無形資產、組織能力與個人能力，來獲取競爭優勢。

武德宮利用其獨特的文化資產和信仰根基，結合林安樂主委個人擁有之能力，創新轉型，為武德宮創造新的價值。

● **品牌塑造與市場定位**

透過文創商品和現代風格的行銷，武德宮不僅保留了傳統元素，同時也吸引了年輕一代，這是品牌塑造和市場定位策略的成功案例。組織以市場需求為導向，認知年輕世代的興起，調整其產品和服務以滿足消費者的期望。

● **顧客關係管理的強化**

武德宮透過客戶關係管理，個性化其服務，進一步強化與信眾與志工的連結，建立和維持與顧客的長期關係，以提高顧客滿意度和忠誠度。

● **數位科技的運用，並持續創新**

從提供網路線上服務、運用 Pepper 機器人，發行 NFT，到利用生成式 AI，武德宮不斷探索新技術來豐富信仰體驗和服務。這展現了持續創新的重要性，即組織需要不斷地尋找改進和創新的機會，以保持其競爭力。同時透過社群媒體和線上直播等手段積極與信眾互動，這不僅增強了信眾的參與感，也擴大了其影

響力。這提醒組織在數位經濟時代，應強化透過社群
的力量來建立品牌忠誠度和進行推廣，並重視互動和
參與。

- **文化的適應與整合**

  武德宮案例強調了在保留傳統核心價值的同時，如何
  適應和整合現代文化元素的重要性。林主委在以文化
  塑造組織身份、行為和內部凝聚力方面著力甚深，同
  時不斷進行調整以應對外部環境的變化。

　　北港武德宮的轉型之旅不僅是一場文化與科技的融合，
更是一次信仰與現代生活方式的和諧共生。從一個中藥房內
的神壇到成為全球華人財神信仰的中心，武德宮透過不斷
的創新與調整，成功將一個傳統的宗教場所轉化為一個現代
化、互動性強的信仰平台。透過引入數位科技和文創商品，
宮廟不僅提高了營運效能，更重要的是，它也為信眾提供了
更多元、更便捷的信仰體驗和互動方式。

　　武德宮的例子也提醒我們，面對變遷，即使是最古老的
傳統也能找到新的生命力。這不僅是宮廟管理者的智慧，更
是整個社會對於傳統與現代融合的一種積極探索。武德宮的

成功轉型，不僅為其他宗教場所提供了可參考的範例，也為我們每個人如何在快速變化的世界中保持自己信念的純粹提供了啟示。在未來，隨著科技的進一步發展，傳統與現代的界限將進一步模糊，若能像武德宮一般把握機會、勇於創新，就會在新時代中勝出！

以數位與文創翻轉傳統
宮廟的信仰文化
北港武德宮

（上）　　　　（下）

02 飲食

兼具科技和溫度的服務

—— 摩斯漢堡 ——

　　創辦於日本的摩斯漢堡，在臺灣已成為速食消費的知名選項。品牌名稱 MOS 由山、海、日（Mountain, Ocean, Sun）組成，並以此延伸出溫暖服務、嚴謹的食安控管和獨特的餐點品項等，皆展現出這個品牌承襲自日本企業對於品質的要求。如今在臺展店已有將近三十五年時間的摩斯漢堡，於速食業界經營出自成一格的品牌形象，也是第一個推出品牌 APP 的速食業者，在導入數位系統後，結合品牌獨有的友善服務，又為摩斯漢堡增添多元的發展可能。

品牌簡介

　　摩斯漢堡創立於日本，三位創辦人櫻田慧、渡邊和男和吉野祥有感於工商業發展快速，來自美國的麥當勞在日本掀起一波飲食消費轉變，於是他們結合東方人喜歡吃米飯的飲

食習慣，研發出米漢堡等商品，並在一九七二年於東京創立第一間店面。期間，為了打造具有東方口味的米漢堡，日本摩斯漢堡曾花費數十年時間投入食品研發，後來品牌發展成熟後，便成為日本具代表性的速食品牌。目前摩斯漢堡在亞洲地區已有多家分店，除了臺灣，也在韓國、新加坡、香港、菲律賓和馬來西亞等地區插旗，中國的廈門和上海則是以跟臺灣合作的方式展店，已經成為一個國際性的速食業品牌。

臺灣摩斯漢堡的創辦人黃茂雄，過去曾在日本留學，看見摩斯漢堡的商品和經營方式很適合臺灣環境，於是在一九九〇年引進，並由安心食品服務公司經營。目前摩斯漢堡在台店數已超過三百多家，製作方法、食安控管和服務方式完全套用日本的管理規則。而講究現點現做的方式，更是不同於其他速食品牌，雖然這讓摩斯漢堡因製作消耗量能較大、能服務的顧客相對較少，店面也不如常見的速食品牌規模大，但因為注重服務品質，所以與同業有明顯的差異。

提到食品安全和新鮮食材，一直是摩斯漢堡引以為傲的特色，除了有嚴謹的作業流程和嚴格的稽查檢驗，品牌所屬的安心食品服務公司更建立了食品安全管理系統，並取得國際驗證合格證書，就連食品檢驗中心也獲得TAF（Taiwan

Accreditation Foundation，財團法人全國認證基金會）與 TFDA（Taiwan Food and Drug Administration，行政院衛福部食藥署）雙認證，讓品牌能在呈現美味的同時，提供顧客安心健康的食用品質。

除此之外，摩斯漢堡在食材部分也導入生產履歷，並結合在地食材與契作農場，透過產地直送，讓顧客可以吃到臺灣農產與日本風味融合的餐點。定期舉辦的樂活市集，為結合臺灣小農所舉辦的活動，除了是摩斯漢堡對於小農的關注，也期許能與他們共同創造共好的飲食環境。近來有鑑於飲食環境改變、科技能優化品牌服務，二〇二〇年臺灣摩斯漢堡推出3Q創新計畫，內容包含以MOS APP提供遠距點餐功能與送禮功能；整合自家電動車與Foodpanda外送車隊，用來擴大外送服務範圍；並且串聯四大電子支付系統，提供消費者多元支付方式。另外，也啟用自行開發的送餐機器人（Miss Mos Burger），使人力運用上更有效率。

企業所處產業概況

MOS代表的山、海、日（Mountain, Ocean, Sun），除了是給顧客安心、健康、新鮮的感受，在經營上也有獨特的意義：Mountain傳達品牌像高山一樣氣勢雄偉；Ocean是希望品牌像海洋一樣心胸寬闊；Sun則是品牌有如太陽洋溢著

熱情與溫暖，在企業秉持的「貢獻人類、貢獻社會」經營理念下，也把這樣的精神從對待企業、員工、服務，甚至延伸到社會，最終的目的都是「利他」的態度。

對經營高層而言，企業最關心的是環境、消費習慣和競爭對手如何變化，以及企業內部該如何因應這樣的轉變。以排班制為例，在符合勞基法的規定之下，為了讓員工有合理的工作時間，摩斯漢堡開始整合全職、兼職的排班。此時，資訊科技的介入就變得相當重要，包含從排班、點餐等系統的數位化，都可以取代人工處理所消耗的大量時間。

而為提升對消費者服務的品質，也積極推動數位轉型，運用智慧科技提升服務並發展智慧型店鋪，強化綠色轉型加強實踐ESG永續品牌形象，迎接未來的市場挑戰。MOS Order App除增設整合桌邊點餐服務，更串聯電子支付系統Line Pay、街口支付、悠遊卡、一卡通等，並開通多家銀行信用卡支付及綁定服務，提供消費者多元的支付方式。

但引入資訊科技並不代表會捨棄有溫度的服務，摩斯董事長林建元認為「服務的熱忱是從心出來的」。因此摩斯從位於高鐵站、交流道附近和社區的店鋪，仍會秉持著日本一貫的服務態度，提供精緻的品質，尤其是社區型的店面，顧客通常是光顧已久的老客戶，員工往往會記得顧客的名字、

常點的品項，「這些都不是我們的規則，而是他們發自內心
的行動。」林建元分享，而這樣的服務態度更是源於公司成
立的安心學院，在裡頭無論是新進員工或是高層，都需要經
過團隊訓練才能開始內部工作，這樣也讓企業能齊心將品牌
精神落實到各個細節。

企業的發展規劃

對連鎖企業而言，展店通常是企業發展的關鍵，除了將
店數視為品牌擴展的標準，店數覆蓋率也是品牌經營的策略
之一。以臺灣摩斯漢堡來說，店面大多集中在北部且幾乎接
近飽和狀態，因此未來在中南部的市場開拓，就是重要的發
展方向。

然而二○二○年新冠疫情開始席捲全球，人們過著足不
出戶的日子，餐飲業就需要踏出轉型的腳步，於是外送開始
成為當時最重要的販售方式。摩斯漢堡的販售型態相對於其
他餐飲業，方便讓顧客外帶、外送，所以在疫情時衝擊相對
較小一些，但在眾多品牌轉型的同時，臺灣摩斯漢堡也必須
在這樣的浪潮上做出更多改變，才能持續保有市場競爭力。
當中最主要的轉變從產品包裝到外送方式，都以數位方式進
行一系列調整，過去以打電話預約外送服務，現在則是加入

外送平台，疫情時則是快速地結合MOS APP的功能提供外送服務。然而疫情帶來的轉型還不只如此，疫情後大家開始習慣以外送平台下單餐點，摩斯在平台上的競爭品牌也就變得更多，因此APP裡累積的數據就能幫助企業分析潛在的競爭對手，後續進行數位轉型時，APP也需要不斷地更新調整。

原本長久以外包方式進行數位轉型的摩斯漢堡，為了不受制於人且能因應更多數位系統上的改變，二○二○年由安心食品成立安惠資訊科技股份有限公司，把安心食品原本的資訊科技獨立出來，成為專門為餐飲業提供資訊系統解決方案、周邊軟硬體銷售服務的單位，這讓臺灣摩斯漢堡又加快了數位更新的腳步。

與社會共好的企業

摩斯董事長林建元是學者出身，擔任過臺北市副市長、常務官、政務官，也曾任職企業董事長、協會理事長等，在社會公益服務上累積眾多經驗。他自認一路走來始終沒變的，是秉持著公共利益最大化的精神，就能在各領域都能做出好成績。而這樣的精神也讓臺灣摩斯漢堡在提供餐飲之外，把視野擴及到小農、自然環境等。

　　林建元表示，會到摩斯服務是因為Mountain, Ocean, Sun三個字深深吸引著他，因為摩斯一路上都非常重視如何把大自然的力量、精神化作食品的優勢，「對我而言，摩斯提供的已經不是食品，而是價值的認同」，林建元說。而過去是國家公園委員會委員的他，也串連臺灣摩斯漢堡跟國家公園合作推動環境教育，運用自有的閱報與電子媒體介紹國家公園和其舉辦的活動，也特別在國家公園鄰近店鋪提供所在地的國家公園相關資訊，並將國家公園景觀特色融入店面設計，讓顧客在視覺、味覺上都能體驗到摩斯漢堡的精神、在地的自然。

　　除此之外，摩斯漢堡也會鼓勵員工前往國家公園參加保育活動如清除外來種雜草等，讓自己因為參與國家公園的保育而在當中體會到大自然的重要，並感受摩斯的企業文化。

觀點與啟發

● 品質導向與差異化策略

摩斯漢堡以其高品質的食材和獨特的菜單項目在速食市場中脫穎而出，品牌秉持日本企業的品質要求，提供嚴謹的食安控管和獨特的餐點。除了有嚴謹的作業流程和嚴格的稽查檢驗，品牌所屬的安心食品服務公

司更建立食品安全管理系統，並取得國際驗證合格證書，在呈現美味的同時，也提供顧客安心健康的食用品質。透過產品與服務來建立品牌的差異化。

- **數位轉型與創新**

  摩斯漢堡引入數位訂單系統、電子支付和送餐機器人等技術，展現企業為適應現代消費者需求而進行的數位轉型。摩斯不只是臺灣第一個推出 APP 的速食業者，也願意在新的科技上投資、優化，讓他們的服務能更多元。尤其因應組織轉型，把資訊科技相關部門進行調整，獨立之後成為可以服務更多餐飲業的公司，也讓內部員工有更多發揮潛能及事業發展的機會。

- **社會責任與永續發展**

  通過與小農合作、推廣環境保護活動，摩斯漢堡展示了企業社會責任的實踐。這不僅鞏固了其品牌形象，也符合當代消費者對企業永續發展的期望。雖然進行數位轉型，摩斯漢堡仍堅持提供有溫度的服務，秉持著「貢獻人類、貢獻社會」的經營理念，積極參與社會公益服務，將大自然的精神融入品牌文化。而這樣的企業文化，不僅提升了企業形象，也凝聚了員工的向心力與使命感，有助於企業的永續發展。

- **本土化與全球化結合**

  摩斯漢堡成功地將日本品牌與臺灣當地食材和飲食文化相結合,展現了本土化策略與全球化視野相結合的重要性。這種策略使品牌更具吸引力,並提高了市場接受度。

- **員工培訓與企業文化**

  透過安心學院的員工培訓,摩斯漢堡強調服務品質和企業文化的傳承。良好的員工培訓與企業文化的建立是提高員工滿意度和提升客戶服務體驗的關鍵。

　　總結而言,摩斯漢堡的案例展現了如何透過品質導向、數位創新、社會責任、本土化策略和強化企業文化來提升品牌競爭力和市場影響力。這些策略為其他企業提供了寶貴的學習經驗,尤其是在快速變化的消費市場中。

兼具科技和溫度的服務
摩斯漢堡

從喝一杯咖啡開始的
健康精緻生活

—— 路易莎咖啡 ——

　　說到連鎖的咖啡品牌，除了星巴克，在臺灣路上最常見的就是有著橘色調 Logo 的本土品牌路易莎了。董事長黃銘賢既是咖啡師也是烘豆師，當年憑著對於咖啡的熱情，希望與更多人分享好咖啡的味道。同時也看準臺灣人喜歡喝咖啡的興趣，所以從一間小店，快速展店到現在臺灣已有超過五百間的店面。過程中因為觀察到咖啡店可以形塑一種生活文化，於是也陸續成立蔬食餐飲、健身房相關的品牌，讓路易莎陪伴大家品味生活外，也能輕鬆享受無負擔的飲食，甚至透過健身照顧健康。其中能讓路易莎快速展店的原因，數位轉型是該品牌轉變的重要關鍵，不論是烘豆、生產，還是人力和銷售上的管理，數位的導入都能精準地幫助路易莎控管品質及營運，也讓該品牌更有餘裕延伸相關的事業體。

品牌簡介

　　創立路易莎的黃銘賢董事長，過去曾是星巴克兼職人員和義式企業業務專員，因為對義式咖啡有著很大的熱情，在學習如何烘豆和沖咖啡後，決定在二〇〇六年開起第一家咖啡店。品牌名稱路易莎則是來自於義大利文中「女神」的意思，也是致敬全球咖啡的起源地。

　　在展店過程中，黃銘賢憑藉著對咖啡的熱愛，以及觀察到臺灣一個人年平均可以喝掉兩百杯咖啡的實力，於是他持續開發咖啡品項、調整人力與銷售方式，目前已在全台設有超過五百家店面，包含直營店有一百八十間、加盟店有多達三百四十間。主要營收和加盟業者的出貨，則讓品牌的年營收能夠超過二十億，站穩全台本土最大的咖啡連鎖品牌。

　　由於對咖啡豆和商品品質有著自己的堅持，路易莎除了有自己的烘豆廠，還有自己的烘焙廠、餐食廠。該品牌也嘗試進軍國際，將從東南亞開始進軍。持續以創新商業模式推廣咖啡的路易莎，也與臺北捷運公司、臺灣高鐵合作，推出聯名店與聯名門市以創造更多的「軌道經濟」。

　　然而黃銘賢董事長對於路易莎的拓展還不止於咖啡，在開發品牌業務的過程中，因為個人身心健康問題，讓他體悟到健康飲食、運動的重要性。於是他親自研究營養學，隨

後設立光焙若蔬食餐廳 SUN BERNO、成立 Self room Work
Out place 健身房，讓路易莎成為從品飲咖啡到照顧健康的多
元事業體。

近年，因為對於餐飲業有更多認識，於是與泰國前總
理差猜・春哈旺家族集團攜手合作，推出泰式餐廳「初泰
PIKUL」，讓路易莎的餐飲版圖更為多元。目前路易莎共有
三座烘豆廠、兩座蛋糕廠、一座麵包廠、兩座餐食廠，合計
八座工廠，還有一座物流中心，品牌也朝著每年開設七十間
咖啡店門市為目標，讓更多臺灣人有享受咖啡的去處。

企業所處產業概況

路易莎成立之初，臺灣人對於喝咖啡還沒有那麼多認
識，然而現在資訊發達、咖啡店越來越多，也讓消費者對咖
啡的品質認識更多，黃銘賢董事長發現大家早期追求喝精品
咖啡，現在則是喝莊園咖啡。而莊園咖啡的販售也從最初的
每天賣一、兩杯，到現在可以每天賣出全部咖啡的三分之
一，這也促使路易莎不斷追求烘豆的品質，為的是跟上消費
者對於咖啡的追求。

另外在消費行為上，因應數位時代來臨，路易莎很早就
推出各種數位支付方式，現在光是店內刷信用卡的比例就高

達三成，有些門市利用線上支付工具的也有七、八成，由此可見，路易莎早就跟上數位化的脈動，推出更便於民眾的消費方式。

路易莎也看到人力運用的狀況，於是在多年前便推出座位點餐，或是先在APP點餐，再到門市取餐。這樣的規畫也讓路易莎在疫情期間避免人員接觸問題，算是超前部署的想法。

數位科技在企業中的角色

路易莎在專注研究咖啡之餘，也積極以數位科技提升服務。像是推出的虛擬黑卡，就是取代過去紙本集點卡的模式，讓顧客可以在Facebook Messenger上輸入資訊來獲得黑卡圖檔，當顧客到門市消費時，可以憑虛擬黑卡每月獲得不同的專屬優惠。這個模式透過網路機器人跟消費者對話，讓品牌增加更多與消費者互動的機會，也能讓路易莎累積會員數（目前路易莎已累積約一百八十萬個會員），方便公司內部瞭解會員的輪廓，進而規劃商品開發和展店策略。

先前路易莎也因為財團法人中衛發展中心的協助，導入製造執行系統（MES）建立起的大數據資料庫，不僅統整了門市銷售時點信息系統（POS），也讓門市的資訊可以即時

傳回中央工廠做生產上的調整。這樣的數位轉型後來也連結黑卡的會員相關數據，幫助預測銷售模式、掌握來客數和銷售數量，進一步推出新的產品銷售策略。

除此之外，過去補貨需要以人工統計、叫貨，現在有了數位系統就能很快知道哪裡需要叫貨，並由電腦進行補貨。就連員工的排班都可以通過系統算出來客數和人力的比例，自動生成最佳班表，這讓路易莎在人力招募上能精準地分析門市需要多少正職或兼職人員，如此一來門市的運作可以更協調，帶動整體服務品質。

在產品部分，路易莎以智慧工廠的模式提升生產的品質，例如以感測器監測烘豆機的震動與溫度，在累積的大數據中判斷設備保養的時機。或是以系統記錄每批咖啡豆的烘焙曲線，一旦喝到較苦或較酸的豆子，就可以馬上追蹤生產曲線表進行品管。在路易莎門市裡，則引進智能手沖咖啡機，透過三個月的實驗得出沖煮參數，只要手機輸入數據，就能讓全臺沖煮出一致的美味咖啡，不僅節省人員沖泡咖啡時間，也能讓店員更有時間與顧客交流、把咖啡賣出去。

新冠病毒帶來的疫情，讓服務業歷經快速轉變。路易莎在其中也面臨疫後消費型態改變的擔憂，由於疫情前品牌已將累積數據的系統建置好，所以在疫情趨緩時，便針對大數

據進行分析，進一步知道每間分店可以調整的方向。當時他
們發現中南部業績不甚理想時，便根據黑卡累積的一百八十
萬會員數據分析，快速進行空間改裝，再推出促銷活動。當
顧客回流時，系統又可以更新顧客喜好，往後就能推出行銷
活動促進消費。因此疫情前路易莎累積的會員數據與數位轉
型策略，都讓路易莎在疫後能加快調整腳步，在營運各層面
做出調整。

企業的願景與藍圖

　　路易莎第一間店問世時，臺灣人喝咖啡的年均數量是一
人八十杯，到了近年是兩百一十到兩百二十杯。相較過去，
現在咖啡店數量較多，人們更容易喝到好的咖啡。但是能顧
及咖啡高品質又能夠在價格上實惠平價，對一般大眾來說並
不常見，因此路易莎就以提供「精品平價咖啡」為品牌理
念，持續開發商品。

　　當大眾開始認識精品咖啡後，路易莎仍不斷超越自己，
推出「超越精品」的咖啡滿足臺灣人對咖啡的喜愛。除了提
供更高品質的咖啡，路易莎也透過大數據觀察到喝黑咖啡的
人主要落在中年以上的族群，而年輕族群因為覺得黑咖啡較
苦，所以往往購買的是加奶的咖啡，或是以果酸味、花香味

為主的咖啡。黃銘賢董事長透過自身飲食測試發現，喝黑咖啡可以降低血糖，加上為了增加年輕族群買黑咖啡的動機，於是開始將咖啡的紅漿果水果化、茶化，讓咖啡味道能更接近年輕人的喜好，也讓路易莎的消費族群能夠更加年輕化。

另外，黃銘賢董事長因為自身健康遇到的問題，體認到運動、飲食對於健康的重要性，於是未來會持續以「健康精緻生活」為重點，在食材、烹調部分推出新產品，讓大家知道可以用輕鬆的方式擁有健康。

數位轉型過程中遇到的困難

路易莎在資訊管理方面，因為跟政府專案結合，帶來了具體、大幅的更新調整，為後來的數位轉型奠定了重要的基礎。在過程中也因為仰賴相關的專業人士執行，讓路易莎更清楚自己需要的是什麼系統。例如比起咖啡豆的揀貨系統，路易莎更重視的是咖啡豆的批號管理。因為如果咖啡豆從生產到物流中心，甚至到物流車上都能有清楚的流程資訊，就可以幫助品牌控管好咖啡品質。

另外，路易莎的大數據足以讓公司規劃出營運、生產和行銷等策略，而會分析數據的人才，就是數位轉型過程中非常重要的關鍵。如果團隊能執行好數據分析，就能客觀地維

持好的執行面，針對待改進的部分進行調整。有鑑於人才專業的重要，整合公司內各領域的部門，也是讓路易莎在數位轉型上更有效率的方式。

創業的心得與啟發

路易莎成立至今，在前六年並沒有可觀收入，但黃銘賢董事長憑著熱情，在他的努力下，於近年讓店面數超越其他連鎖咖啡品牌。然而一路上經歷食品安全等社會事件，讓他體認到成立公司所須肩負的巨大責任，因此使他更重視個人身心的健康平衡。

有鑑於創業路上跟同事成為緊密、信任的夥伴關係，黃銘賢董事長期望接下來能回饋工作夥伴更好的生活。於是在內部管理上，他成立內部的創業制度——也就是幫助夥伴開店，公司負擔部分裝潢費用、出租設備，夥伴只要負責租金和押金，而營收則歸夥伴所有。如此一來，夥伴在負責公司的業務之外，仍然可以擁有自己的事業收入，讓他們能對工作有更多期待與動力。

觀點與啟發

● **品牌命名與創業熱情**

路易莎咖啡是臺灣本土品牌，由董事長黃銘賢創立。黃銘賢曾在星巴克兼職，並擔任義式企業業務專員。他的熱情驅使他於二〇〇六年開設了第一家咖啡店。品牌名稱「Louisa」來自義大利文中的女神名字，旨在致敬咖啡的起源地。

● **市場定位與品牌差異化**

路易莎咖啡通過提供「精品平價咖啡」來做出自己在市場中的獨特定位，有效區隔於其他咖啡連鎖品牌。這種策略滿足了對高品質咖啡有需求但又在意價格的消費者群體。路易莎不僅持續開發高品質的咖啡，還致力於吸引年輕消費者。為了迎合年輕人的口味，他們推出了創新產品，如將咖啡風味改良成更適合年輕人的口味，並強調健康和精緻的生活方式。

● **數位轉型與創新**

路易莎咖啡的數位轉型，包括虛擬黑卡、APP點餐、智能咖啡機等技術的應用，提高了營運效率並增強了顧客體驗。路易莎在營運過程導入智慧科技，讓路易

莎從工廠到品牌經營呈現一條龍的管理，能快速整合各項資訊，方便規劃新策略。此外，從經營上的「產銷人發財」來看，路易莎將人力資源做最佳的調配用以降低成本，同時讓服務品質提升；也因為看見數位系統和設備的重要性，於是以此提升門市服務，也讓品牌經營大大升級。

- **健康與生活方式的融合**

  通過開設健康飲食餐廳和健身房，路易莎不僅是咖啡品牌，還成為推動健康生活方式的倡導者。透過擴展業務範圍來增加顧客基礎和市場影響力。

- **社會責任與永續經營**

  路易莎咖啡在食材採購和環境保護方面的努力，展示了企業社會責任的實踐。這不僅有利於塑造積極的企業形象，也符合當代消費者對企業永續發展的期望。

- **內部創業制度與員工賦能**

  通過內部創業制度鼓勵員工開設自己的門市，路易莎咖啡展現了對員工賦權和激勵的重視。這種策略不僅提高了員工的工作滿意度和忠誠度，也有助於企業的持續成長。

　　總體而言，創業除了要有熱情，還要有理念。以路易莎來說，董事長因為熱愛咖啡，希望把好咖啡以大家負擔得起的方式分享出去，所以一路上不斷思考如何打造更貼近消費者的路易莎。在過程中他親自投入研究咖啡、以試吃餐點測試對健康的影響，去思考如何讓商品帶給顧客更大的價值，使品味生活可以擴展到重視健康的生活。路易莎咖啡展現了透過市場定位、數位轉型、健康生活方式的融合、社會責任和員工賦權等策略，來提升品牌競爭力和市場影響力。

從喝一杯咖啡開始的健康精緻生活
路易莎咖啡

轉型與學習並進的
老字號餐飲品牌
—— 鬍鬚張魯肉飯 ——

　　鬍鬚張從一個攤販起家，走過六十個年頭，如今已在臺灣開設六十八家直營店，也成為臺灣知名的魯肉飯連鎖餐飲品牌。慎選食材、對服務的堅持，讓鬍鬚張相當重視食品安全的把關，同時為了創造更有系統的管理方式，在開設第一間店時就引進多種制度，奠定往後連鎖店時代的營運基礎。

　　攜手經營鬍鬚張事業的張永昌、張世杰兄弟，因為看見創新在拓展營運業務上的重要性，過程除了不斷進修學習，也導入資訊系統及透過投資加速建構品牌的標準流程、數位轉型，因此在疫情衝擊餐飲業的時候，能穩住自家的營運，在疫後更能結合數位工具快速推出新的服務。

　　如今在張世杰董事長帶領下，鬍鬚張成為學習型的品牌組織，並因為有具體的願景藍圖，引領鬍鬚張從老字號的知

名餐飲品牌跨出海外，與更多人分享臺灣料理的美味與熱誠。

品牌簡介

鬍鬚張由創辦人張炎泉成立於一九六〇年代，販賣魯肉飯的攤位地點就位在民生西路雙連市場對面。由於美味的餐點帶來很好的生意，創辦人忙到沒有時間修剪鬍子，於是蓄鬍的模樣成為老顧客眼中的經典形象，品牌名稱便以他的造型做為命名。

鬍鬚張成立後的十九年間，創辦人非常重視食材、烹調的過程，並持續研究、調整餐點口味，過程中更因為有飯店主廚提供建議，於是有現在令人讚不絕口的魯肉飯。後來大哥張永昌在協助父親販售時，體悟到「移動的盆栽長不大」的概念，於是決定在寧夏路開起第一家店面，成為鬍鬚張的創始店。

在只有一家店的時期，鬍鬚張便已經聘請顧問導入責任中心制度，那時開始有明確的人事、會計和餐管制度。後來他們更看到拓展連鎖店需要的規模，於是又設立教育中心，設立展店標準，從那時起直營店、加盟店便以此為依據，進行展店計畫。

　　為了擴大鬍鬚張事業，張永昌、張世杰兄弟不斷進修相關專業，當時更引進工業工程的人才制定標準流程，順利開起七間直營店。眼看公司已具規模，於是鬍鬚張開始建立企業形象識別系統（CIS）並完成商標註冊，並在一九九三年進入連鎖經營的時期。鬍鬚張前期看似順利地不斷展店，然而開到第十間店時，公司營運卻遇到不少變動。後來鬍鬚張將總部移到五股工業區的土地，雖然擁有固定資產，卻少了流動的資金，於是當時在幹部建議下開放加盟，讓鬍鬚張的營運壓力有紓緩的出口。那時候的張永昌總經理，認為資訊化是品牌發展的重要關鍵，於是決定由剛退伍的張世杰董事長引進管理資訊系統（MIS），開始做起系統分析、系統設計和系統規劃，以前瞻的角度為品牌做出第一次的數位轉型。

　　鬍鬚張在開放加盟後因為拓展快速，很快就有五十三家加盟店，然而發展迅速、每間店品質無法確實控管，於是總部幾經考慮下在二〇〇〇年毅然決然停止加盟，後來經歷臺灣九二一大地震、金融風暴等動盪，鬍鬚張解決了加盟的問題，如今已開設六十八家直營店，還成立低熱量餐盒品牌「京簡康」，該品牌目前有五間店面。鬍鬚張挾著臺灣知名魯肉飯的聲譽，也讓他們跨足海外到日本開起兩間店面。然而經過新冠疫情的影響，目前日本只剩下三家，但未來也將繼續在日本展店。

企業的願景與藍圖

　　鬍鬚張將魯肉飯做到成為臺灣知名連鎖品牌，他們對未來的願景更希望能「賣魯肉飯賣到全世界都知道」。為了達到這樣的目標，鬍鬚張的營運藍圖以多個「三三三」，期勉全公司能往這樣的理想邁進。

　　在鼓勵創新層面，公司三年內新產品開發要達到百分之三十三。未來三到五年間，希望能達到百家的直營店數。另外新總部廠辦大樓成立後，也需要更多通路增加營收，於是有「三多」計畫，即「多通路」、「多品牌」、「多國家」，讓產能更擴大。在投資部分，要做「三輕」展店，「輕投資」、「輕組織」和「輕訓練」。輕投資部分是因為現在民眾不重視內用，習慣外帶或外送，所以鬍鬚張就不需要在保留太多座位；輕組織是數位系統加入後，可以讓人力不用太多；輕訓練則是讓員工教育簡化，並以更清楚具體方式達到溝通。

　　在管理部分，為「數位化」、「行動化」和「標準化」。數位化即進行數位轉型；行動化則是在內部管理方面可以透過手機進行簽核。另外為了方便稽核、督導各店面，會透過系統將管理資料視覺化，方便進行分析、追蹤，所以不論是哪個階層的管理者，都可以輕鬆調出每一層資訊進行管理；標準化是因應連鎖店面的品質管理而來，雖然不容易做到，

但有這樣的系統就可以更方便控管，例如在教育訓練時透過提供簡易影音給員工學習，比起紙本閱讀的效率更高，也更容易理解。

品牌在疫情期間的轉變

　　餐飲業在新冠疫情期間，「轉型」已成為各品牌的重要議題。然而在疫情前，鬍鬚張就已為了提升銷售，在二〇一七年由張世杰董事長導入外送平台的服務，讓餐點銷售可以擴大到十公里的範圍。後來因為平台抽成費用過高，於是有段時期外送服務不是鬍鬚張主要的推動項目。然而董事長後來觀察到民眾消費模式出現轉變，包含停車消費不易、顧客不想外出，加上發現中國外送模式盛行，外送選項還能擴大消費規模，於是在疫情前仍把外送服務建置完整並加以推廣。當疫情來臨時，鬍鬚張也能穩住腳步，讓業績只比疫情前下降一些。雖然外送平台抽成高，鬍鬚張沒有因而獲取更多利益，但在疫情期間有基本營收，因此也能支付食材等費用，算是鬍鬚張的超前部署。

數位科技在企業中的角色

　　鬍鬚張在一九七九年代只有一家店面的時期，即已在顧

問建議中導入資訊化，讓產、銷、人、發、財的管理制度更規格化。後來組織越來越大，也讓鬍鬚張引入作業標準書及國際標準驗證（ISO）支撐完整系統架構。除此之外還將作業流程與電子表單結合，以ERP系統取代重複性的日常性工作，讓人力可以發揮在更有價值的項目。

有鑑於臺灣走向少子化和高齡化，鬍鬚張也如其他行業一樣面臨人力短缺的問題。對張世杰董事長而言，有效率的人力並不是把人減少，而是如何把人的功能發揮到最大。由於鬍鬚張在疫情前即針對人力進行策略調整，在疫情來臨時就能快速地做出應對。

另外鬍鬚張借鑒中國在餐桌上掃碼點餐的趨勢，在疫情期間順勢推出這項服務，符合當時避免人與人接觸的狀態。鬍鬚張後來推出二代店「鬍鬚張iPlus＋」，門市數接近所有店數的一半，店內包含掃碼點餐、Kiosk自助點餐、KDS廚房顯示系統、廣告叫號等自助化服務。在二〇二三年五月更公布「鬍鬚張未來科技概念店」，店內導入AI多國語音辨識Kiosk、現金Kiosk自助點餐、智慧取餐櫃等自助點餐流程，當中結合了POS系統、KDS廚房系統、廣告叫號系統等應用，還透過LaaS全通路平台的資料整合，模擬出前後場全自動化智慧餐廳。

除此之外，鬍鬚張也重視深耕老客戶、創造新會員，推出的APP可以將會員資訊整合至顧客管理系統（CRM），藉此累積會員資訊，方便整合各種服務進行串聯，例如顧客管理系統可以透過導購，一方面讓顧客看到更多產品，一方面也促進顧客消費意願。在顧客管理系統上，通常需要投入許多資金，然而鬍鬚張有自己的主機室、資訊團隊，內部員工可以維護系統，也有外部合作同時並進。如此一來，例行工作可以交給電腦做，員工就可以有更多能量創新和思考決策，並進行差異化管理和異常管理。

數位轉型上的最大挑戰

鬍鬚張在進行數位轉型後，系統到位了，資料都齊全了，但如何找到分析資訊的人才，是該品牌在過程中碰到的難題。張世杰董事長認為數位工具像是飛輪，可以越轉越快，提升組織效能，因此將人放在對的位置上做事便是關鍵。鬍鬚張在二、三十年前即引進天賦特質診斷系統（PDP），透過分析個人天賦特質，讓員工能在對的位置發揮專長。這個分析也可以幫助在各種面向上的溝通，例如主管可以藉此知道如何引導員工，面對顧客也可以知道如何應對。

觀點與啟發

- **創新與持續學習**

  鬍鬚張兄弟對於創新和持續學習的重視，體現了企業
  經營中不斷進步的重要性。他們不僅不斷學習新知，
  也將資訊系統和數位工具引入經營，展現了持續創新
  在當代企業發展中的關鍵作用。在產品創新方面，也
  有設定KPI，期許公司做到三年內新產品開發要達到
  百分之三十三。

- **系統化管理與標準化流程**

  鬍鬚張非常注重食材的品質和烹飪過程，並不斷調整
  餐點口味以提供優質的食品。從單一店面到連鎖經營
  的轉變，充分利用了系統化管理和標準化流程，並引
  進多種制度和建立教育中心。這不僅確保了品牌在不
  同地點的一致性和品質控制，也為店面的快速擴張奠
  定了基礎。

- **數位轉型與顧客關係管理**

  透過數位轉型，鬍鬚張成功地將傳統餐飲業務與現代
  科技結合，特別是在顧客管理系統和外送服務的應用
  上。在疫情期間快速推出新的服務，如外送平台的建

置，以維持營運穩定。重視深耕老客戶，透過APP整合會員資訊，以提升顧客體驗。這種轉型不僅提高了運營效率，還增強了與顧客之間的良好關係。

- **三多及三輕策略的開展**

即「多通路」、「多品牌」、「多國家」，讓產能更擴大。張世杰董事長帶領鬍鬚張成為學習型品牌組織，並計畫擴展至海外市場，分享臺灣料理的美味。目前已在日本開設了店面，並計畫在未來繼續擴張。在投資部分，要做三輕展店，「輕投資」、「輕組織」和「輕訓練」。輕投資部分是因為現在民眾不重視內用，習慣外帶或外送，所以鬍鬚張就不需要在店面保留太多座位；輕組織是數位系統加入後，可以讓人力不用太多；輕訓練則是讓員工教育簡化，並以更清楚具體方式達到溝通。

- **對人力資源的投資**

該公司在僅有一家店面時，即意識到員工培訓的重要性，當時就聘請顧問，成立教育中心。當時企業規模雖小但擁有很大的企圖心，之所以能夠不斷成長至今，成功其來有自。鬍鬚張在人力資源管理上也展現出先進思維，內部導入天賦特質診斷系統（PDP），

來協助員工在適合自己特質的崗位上發揮最大潛力，從而提升整體組織效能。

- **面對挑戰的靈活應對**
  在疫情等外部環境挑戰下，鬍鬚張能夠迅速調整營運策略，如加強外送服務，顯示出企業對於市場變化的敏感度和靈活的應對能力。

鬍鬚張是一個學習型組織，在張世杰董事長帶領下，不僅董事長自己努力進修，也鼓勵員工成長。因為有危機意識，所以系統可以超前部署，當碰到疫情危機時，就有壯盛的團隊能快速應對。公司也因為在企業願景和目標訂定上，有清晰、簡單的語言，可以讓全體員工很快瞭解公司未來的發展規劃，讓員工能有效率地達成目標。此案例提供了企業如何透過創新、系統化管理、數位轉型、人力資源的有效利用，以及對外部環境變化的靈活應對，是在競爭激烈的市場中保持持續成長的典範。

轉型與學習並進的老字號餐飲品牌
鬍鬚張魯肉飯

03 運輸、通訊、網路

> 以智慧科技和永續經營引領航運　陽明海運

> 以數位升級打造智慧島嶼　中華電信

> 乘著新經濟的浪潮轉型
> 亞馬遜網路服務公司（AWS）

以智慧科技和永續經營
引領航運

—— 陽明海運 ——

陽明海運為臺灣的貨櫃三雄，現為全球第九大海運公司，在二○二二年迎來五十週年。過去在新冠疫情衝擊全球的狀況下，陽明海運受到不小震盪，但卻能在當中確立自己的戰略角色，創造出令人刮目相看的成績。二○二○年鄭貞茂接任董事長後，持續推動數位轉型和永續經營的策略，在疫情期間也帶領陽明海運攀上高峰。隨著數位科技優化了內外部的服務，未來也將朝向「海洋科技運輸公司」的定位邁進，成為世界航運中重要的一環。

品牌簡介

陽明海運成立於一九七二年，前身為輪船招商局，屬於國營事業，一九九六年民營化之後，持續透過與世界其他知

名船公司聯營合作，成為全球第九大遠洋貨櫃航商。目前陽明海運經營的業務包含貨櫃航運、散裝運輸、碼頭事業和物流事業。二○○○年代，更成立陽明海洋文化藝術館、財團法人陽明海運文化基金會推動文化志業。目前陽明海運擁有超過九十艘營運船舶，二○二三年市占率約百分之二‧七，股價市值也屬於前五十大。在全球的員工約有五千人，臺灣部分的員工含海上船員和岸勤約有兩千人。

　　現任董事長鄭貞茂的專業為經濟學，是陽明海運歷史中少數非航運出身的經營者，曾任花旗銀行副總裁與首席經濟學家、臺灣金融研訓院院長，以及金管會政務副主任委員等。其任內憑藉著在多個單位歷練，帶領陽明海運調度航線、處理危機，並連續兩年創下史上最佳業績。近年著重於配合外在環境變化、全球節能減碳趨勢，進行陽明海運內部數位轉型、推展減碳措施和船舶改裝計畫。

企業的挑戰與機會

　　從外在環境來談，海運面臨的商業化挑戰非常嚴峻。例如在新冠疫情期間，全球各行業遭受衝擊，各國封城鎖國讓海運業皆尋求自救的方法。當時沒有貨物運送，航運公司便要思考如何開源節流，陽明海運卻因為客戶需求量大過於供

給，在那時於各行業中逆向成長，因此獲利。

一場疫情，讓陽明海運觀察到轉型的契機，特別是海運貨量龐大而使碼頭塞港，即使船舶都在航線上，仍然無法滿足客戶需求。所以從疫情開始，如何確保貨物準時送到客戶手中，便成為陽明海運亟須解決的一大挑戰。另外，航運業屬於全球性產業，在全球的碳排放量占了百分之三，面對國際海事組織（IMO）定下二〇三〇年全球航運碳強度須比二〇〇八年降低四成的規定，陽明海運更是要加快減碳的腳步，才能跟上全球的目標。

內在環境部分，陽明海運過去財務狀況仍有需要改善的地方，後來透過景氣良好的時期大幅改善了營運狀況，成果有目共睹，當中的數位轉型成為重要的關鍵。鄭董事長也認為，若過去所投資的數位轉型不見成效，則需要制定目標加速數位轉型，讓公司員工到客戶都能感受到從裡到外的轉變，從而提升收益。

企業的願景與藍圖

全球減碳的浪潮中，國際開始制定相關規定，包含從二〇二三年開始溫室氣體（GHG）的減排目標暨環保法規如EEXI（現成船能源效率指數）、CCI（碳濃度指數）都有更

嚴格的規定，因此推動智慧船舶的計畫對陽明海運來說也是刻不容緩的目標。

智慧船舶包含兩個層面，第一個是可以透過智能資訊架構技術達到遠端操控。由於每艘船上都裝有感應器，所以可以搜集航行大數據傳遞到雲端進行分析，達到即時監視、預測船體結構健康度的效果，並協助海事人員做出正確即時的決策、隨時掌握船舶航行安全。未來這些感應器還會連結AR、VR、MR及數位雙生（Digital Twin）的技術，由岸上的技術人員把操作程序遠端投影到船上，就能幫助船員、船長或輪機長進行問題簡易排除。

第二個部分是優化引擎技術，當新一代的引擎可以提升燃油的使用效率，排碳量就會減少很多。例如船隻為了趕時效，常常會加快行船速度，碳排放量也因此提高。此時船隻的感應器會將資料即時回傳到岸上，也就是智慧碼頭，這時岸上人員便可以提醒船長解決問題。

除此之外，在數位系統的運作下，船舶於行進中也能收集天候、風向和水文等更精準的數據，未來也可以避開風險、增加運作效益。因此數位科技在未來航運的操作模式中，便成為重要且關鍵的角色。

企業數位轉型的挑戰

數位轉型中如何提供客戶更好的服務，還有讓作業程序上更有效率，一直是陽明海運內部不斷在思考的問題。在客戶服務方面，會結合數位科技和更人性化的方式達到服務效率，例如e-booking系統可以讓客戶直接在手機上預訂艙位，也提供詳細貨船到港的時間，這樣一來就能方便客戶追蹤進度以安排接貨，為客戶節省時間和成本。

碼頭作業程序部分，陽明海運升級數位系統，讓客戶可以在上百條的航線中，清楚看到節省花費的航線、路線和裝貨順序。相較過去只有提供航線的選項，更能幫助客戶挑選最適合的選項。例如客戶要到碼頭領櫃時，可以先預繳費用就有電子提單，這時拖車可以前往碼頭的定點，就有自動化科技把貨物挑出來放進車裡，過程中司機可以完全不用下車就完成裝貨程序。

數位資產創造的新價值

陽明海運累積的數位資產，讓他們有更多可能與不同單位合作，或是創造新的商業模式。例如客戶向銀行融資，當銀行需要知道客戶信用狀時，陽明海運就可以提供貨物運送的資料作為客戶的信用連結。這部分是利用區塊鏈技術協

助，未來可以透過向銀行收取手續費提供相關資料。

另外，全球國民所得提高，對生鮮食品的需求也越來越高，於是運送生鮮食品需要透過高科技的冷櫃冷藏，甚至要因應不同成熟度的食品調節溫度，這些都可以透過 AI 人工智慧與 IoT 物聯網結合的 AIoT 裝置讓客戶全程監控，以確保冷藏溫度狀況。而這樣的附加價值，也可以透過向客戶收取運費而增加公司收入。

除此之外，船舶在全球運行所收集的氣象、水文等大數據資料，也可以跟學校合作找出最省油的航運模式。未來船舶甚至也可以作為低軌道衛星的運輸站，讓船上連接網路更方便，如此一來船員在海上的工作便可以與陸上同步，在工作之餘可以享受網路帶來的便捷。

心路歷程和數位轉型建議

鄭貞茂董事長接觸過產、官、研等領域，他認為一路走來對每份工作保有危機感並視為挑戰，是讓他能一路接觸到好機會的原因。他也認為在職場上要讓人能看見你的存在、讓人知道你正在做什麼事情，便能讓自己擁有更多意想不到機會。目前正帶領陽明海運推動數位轉型的鄭董事長，認為數位轉型的過程，轉型是重點，數位只是工具，所以建議中

小企業的轉型需要釐清兩點：一個是公司需要做什麼轉型？另一個是要知道市場上有哪些工具可以協助轉型？能掌握到這兩點，數位轉型就容易成功，如果只為了數位化而數位化，非但不能解決問題，可能還會做出不必要的投資而浪費成本和時間。

觀點與啟發

- **化危機為轉機**

  成立於一九七二年的陽明海運是臺灣貨櫃運輸領導廠商，經過民營化和合作夥伴聯營，現為全球第九大遠洋貨櫃航運公司。擁有超過九十艘船舶，全球員工約五千人。在二○二○年鄭貞茂接任董事長後，推動數位轉型和永續經營策略，成功在全球新冠疫情期間取得逆向成長，創下令人矚目的業績。

- **數位轉型的策略運用**

  陽明海運在面臨全球航運市場變動和疫情衝擊時，積極進行數位轉型。不僅提升了內部運營效率，同時也透過數位工具提升了客戶滿意度。鄭董事長強調在數位轉型中「為何轉型」、「如何轉型」是最關鍵的部分，而數位科技只是過程中的工具，若能釐清數位轉

型在公司營運中的關鍵，就能解決公司所面臨的痛點。建議中小企業在數位轉型時要明確轉型目標並選擇適當的工具，不要只追求數位化而忽略轉型的實質目標。

- **永續經營的實踐**

  陽明海運作為海洋科技運輸的一環，參與全球減碳浪潮，推動智慧船舶計畫，包括遠程監控和引擎優化技術。在數位轉型過程中，致力於提供更好的客戶服務，透過數位科技和人性化的方式提高效率，升級碼頭作業程序，提供客戶更多選擇。面對全球氣候變遷和環保規範，陽明海運積極投入減碳與環保技術的研發與應用。這不僅是對國際責任的回應，也展現了企業社會責任（CSR）的實踐，符合當代企業管理中越來越重視的永續發展觀念。

- **利用技術創造新價值**

  陽明海運運用數位化的大數據分析和智慧船舶技術，不僅提升了運營效率，同時也為航運業務帶來了新的機會。其透過數據資產的運用與活化，包括提供數據支持客戶信用、冷藏貨物監控、節省燃料成本和透過學校協助找到省油的航運模式等，也為陽明海運的數位轉型帶來新的價值。

- **組織內部的挑戰和契機**

  在鄭貞茂董事長的領導下，陽明海運不僅在外部市場上取得成就，也在組織內部進行了重要的變革。面對數位轉型過程中的人才挑戰，積極尋找和培養適合的專業人才，以支撐公司的數位戰略。

總體言之，碳排淨零與數位轉型是目前產業中面臨的最重要的兩個議題，航運業也不例外。如何順利的進行雙軸轉型，領導者的決心是最關鍵的因素。透過全員的知識建構，體察環境的變化與客戶的需求與痛點，盤點組織的核心能耐與資源，設定轉型目標與策略，堅定的朝向目標前進，同時透過 PDCA 不斷的檢討調整，齊一組織全員的行動與步伐，轉型目標才有機會快速達成。

以智慧科技和永續經營引領航運
陽明海運

以數位升級打造智慧島嶼

—— 中華電信 ——

　　中華電信在臺灣是最大的電信服務業者，所提供的服務幾乎在日常生活當中隨處可見，包含電話語音、網路、行動寬頻等，如今更是第一家開啟 5G 服務的單位。其所服務的客戶包含政府、企業及民眾，而隨著數位時代來臨，中華電信在各層面更是走在最前端，引領大家邁向更便捷的生活。在數位轉型方面，由於科技發展日新月異，中華電信隨著全球趨勢脈動，不只是著重資訊轉型，更注重公司各個面向的重組，如今在廣納人才、推動競合策略之下，期望協助全民、產業升級，也創造更理想的數位島嶼。

品牌簡介

　　中華電信原為國營事業，在一九九六年因為政府推動電信自由化成為民營企業。目前業務包含固網通信、行動通

信、寬頻接取與網際網路，當中提供了大數據、資安、物聯網、人工智慧、雲端及網路資料中心等新興科技服務，也透過網際網路直接向民眾提供串流媒體服務和匯流服務。目前除了在臺事業，為了服務北美的華人市場，在美國加州也有四個據點。

隨著全球紛紛佈局5G市場，中華電信也在二〇二〇年領先同業正式開立5G基地台，讓公司進入數位新紀元。近期為了方便用戶快速建置專網和部署，也提供可攜式機箱，當中融合了5G核心網路、基地台及衛星等技術，同時提供本地專網用戶，以及中華商網用戶服務之「攜帶式5G專網」。如此便捷的設計還能依據門號、時間與位置，調整使用服務、跨域通訊等功能，以運用於救災、軍用演習或短期租賃等不同需求，讓數位應用串聯政府、企業和全民的生活所需。除了不斷推升創新應用，中華電信也以永續經營為目標，引領全臺邁向永續數位生活。

企業所處產業概況

中華電信隨著數位時代快速發展，過程中也歷經不少調整和整合，對董事長郭水義而言，最大的挑戰便是如何不斷向上挑戰的企圖心，以及成為跨域之間的全球科技巨擘。他

認為現今是競合策略的時代，一方面有各種競爭，一方面也要展開合作，但最重要的是要讓合作永遠大於競爭，大家才能一起共享成果。目前中華電信推出的5G+AIoT服務，便是在創造生態系統的環境下，擴展與各領域合作的可能。

此外，隨著全球發布了淨零碳排路徑，臺灣國家發展委員會也提出二〇五〇年淨零目標，包含四大轉型策略和兩大治理基礎，當中的能源轉型也會連帶影響各行各業、政府治理和生活轉型，中華電信在這樣的變化中，也開始規劃因應之道。

面對數位科技的不斷變化，郭水義董事長認為中華電信身為賦能企業，公司上下需無所不學，才能提供政府、各行業和全民更多創新服務。

中華電信的數位轉型，也如同不少服務業一樣，在疫情之後有著相應的調整。尤其他們觀察到疫情為全民帶來的生活新型態，會讓各行業出現不同的變化，因此也促使他們思考如何藉此衝擊調整營運策略。

除此之外，國際間的科技爭霸讓5G到AI的各種科技運用推陳出新，所以中華電信也期許自己能在此變化中調整與創新。現今科技帶動國際間的競爭，連帶百工百業也透過科技相互競賽，當中延伸出如何創造商機的議題，像是疫情產

生短鏈或斷鏈的情況，這樣的供應鏈重組也為台商帶來重大衝擊。因此中華電信在協助政府、企業、全民邁向數位時代時便充滿挑戰。但對於郭水義董事長而言，因為中華電信扮演的是賦能的角色，在這樣的過程中也會充滿各種挑戰與機會。

企業的願景與藍圖

在數位轉型的過程中，中華電信的目標包含協助全民升級、享受智慧生活，接著促進產業升級、創造數位經濟，最後賦能政府治理，打造智慧島嶼，持續期許數位應用能創新，為政府、企業和全民在各層面創造更大價值。中華電信提出 KYC 加 4 個 ABC 的新商業模式，讓 5G 與 AIoT 成為無線的智慧解決方案。

首先，KYC 是 Know Your Customers，可以幫助建立商業模式。第一層的 ABC 屬於客戶導向，是 Acquire、Build 和 Cooperate。先透過客戶如民眾、企業和政府瞭解其需求，接下來是建立商業模式，就是 Build。過程中可以與他人合作、創造最大價值，是 Cooperate。如果有不足之處即廣納人才或是找到相應技術，即 Acquire。第二層 ABC 是打造科技平台，包含 AR、VR、AI、Blockchain（區塊鏈）、Big data（大數據）、Cloud（雲端）和 Cyber security（網路

安全），如此一來，不同客戶層可以透過平台進行服務。第三層ABC是基礎網路，Always Broadband Connected，提供隨時寬頻連網。擁有三層的ABC，中華電信便可以從基礎網路連結到上層科技平台，再連結到上層的應用服務，創造全方位的數位轉型。

除此之外，中華電信也特別重視專業人才，在集團內有三萬名員工，接下來仍需持續邀集各領域人才推動永續發展和ESG，即環境保護（Environment）、社會責任（Social）與公司治理（Governance）。因此第四個ABC就是Attitude、Behavior和Competence，郭水義董事長認為人才要有對的心態，接著一起去做志同道合的事，然後也要有專業能力去創造，才能與公司共同產出創新價值。

數位科技在企業中的角色

中華電信的數位轉型，是從三大事業「個人家庭」、「企業客戶」與「國際電信」中進行全面組織轉型，過程中導入「以客戶為中心」的經營理念，還整合「網路」、「資訊」及「研究」等三大技術團隊，期許在結合永續、5G和轉型的策略中，成為永續企業並發揮5G優勢，以服務更多客戶。

　　針對個人家庭事業方面，中華電信推動固網、行動和Wi-Fi的整合，希望打造國內最大影視平台與創新智慧生活服務；企業客戶部分，中華電信提供雲端IDC、資安和5G+AIoT等新興業務，結合業務夥伴協助企業數位轉型。國際客戶方面，中華電信則致力將臺灣打造成為亞太資訊匯集重鎮，持續強化海底電纜與衛星等連外網路，將臺灣的智慧城市、5G專網和IDC雲端等技術輸出海外並攜手台商佈局國際市場。

　　數位轉型的過程中，中華電信以循序漸進的方式，走過數位化、數位優化，最後才達到數位轉型。改變的過程，除了有資訊IT轉型，企業各面向的改變也是不可或缺的部分。在疫情期間，中華電信的轉型分為企業客戶經營、消費者客戶經營及基礎能力，如網路優化、IT轉型、成本最適化等。

　　而要能成功轉型，更需要仰賴相關的科技人才。這方面中華電信透過跟學校合作，開設相關課程挖掘人才，以及讓內部IT人員去做更創新的事，例行性的工作委外協助或使用自動化的工具來幫助。另外也打破部門限制，匯集雲技術、應用程式介面技術（API）的人才，以橫向性方式支援內部組織。若再有人才需求，則培養合作廠商，在現有的委

外工作之外，也會將公司策略同步提供廠商，讓他們隨時能夠承接公司的委外工作。

領導者克服跨領域的障礙

　　郭水義董事長為商學院畢業，進入中華電信是理工科專業的領域，跨領域加入中華電信後，本身相當重視要能看到客戶的需求。因此他會鼓勵團隊要從內部看到事業群背後的客戶如To G、To B、To C真正的需要，如此才能進一步創新。另外他也以《競爭大未來》（Competing for the Future）一書為例，書中提到科技變化很快，沒有一家企業可以掌握所有技術和科技，因此結盟合作很重要。董事長雖然非本科系出身，但他也透過終身學習持續帶領中華電信向前邁進。

觀點與啟發

- **從國營到民營的轉型與挑戰**
  中華電信從國營事業轉型為民營企業，這一過程中涉及了組織結構、企業文化和經營策略的重大調整。這種轉變不僅公司要適應市場環境的變化，還要發展新的競爭優勢，如提供多元化的服務和擴展全球市場。這一轉型過程是企業靈活性和適應能力的重要考驗。

- **創新和技術領先的策略發展**

  中華電信在5G、大數據、AI等前瞻技術方面的投入和應用，展示了組織的創新精神和技術領先策略。這不僅提升了公司的核心競爭力，也為客戶提供了更優質和先進的服務。企業需要不斷創新，以應對快速變化的市場和技術環境。

- **永續經營與社會責任的展現**

  中華電信將永續經營作為目標，體現了企業對環境保護、社會責任和公司治理（ESG）的重視。這不僅提升了公司的品牌形象，也符合當今企業的全球趨勢，即在追求經濟利益的同時，也需重視社會與環境的影響。

- **數位轉型與客戶導向**

  中華電信透過過數位轉型提升服務品質，並以客戶需求為中心，隨時適應市場的變化。在當今數位經濟時代，企業需要將數位技術應用於服務創新，除了強化營運效能，還需提升客戶體驗。

- **跨領域合作與競合策略**

  中華電信的5G+AIoT服務強調了跨領域合作的重要性，尤其在複雜多變的商業環境中，企業需要通過合

作來擴展業務範圍和技術能力。此外，採用競合策略，即在競爭與合作之間找到平衡，是當代企業在全球化市場中取得成功的關鍵。

　　總結而言，中華電信的個案顯示了企業在面對市場變化和技術進步時需要如何進行策略調整。這包括從國營到民營的成功轉型、在新興技術上的創新、重視永續經營和社會責任、以客戶為中心的數位轉型，以及跨領域合作和競合策略的實施。這些策略和行動不僅對中華電信自身的成功至關重要，也值得其他企業的參考。

以數位升級打造智慧島嶼
中華電信

乘著新經濟的浪潮轉型

—— 亞馬遜網路服務公司（AWS）——

臺灣的數位轉型在疫情前後，因為防患於未然而有加速前進的趨勢，而其中數據就是轉型過程中可以運用的重要關鍵。雲端服務全球領導廠商AWS透過公有雲協助多國政府和眾多企業從地端轉型上雲，並在雲上提供多元的解決方案及服務。除此之外，AWS也提供產業相關的媒合服務，協助傳統產業與新創企業合作，幫助企業加速以新經濟的模式運作，進行升級轉型。AWS臺灣暨香港總經理王定愷過去曾任上市上櫃公司董事、獨立董事，也曾擔任經濟部通訊產業發展推動小組顧問、美商Intel業務協理、亞太區品牌業務總監、誠洲電子法國分公司總經理等，透過他的分享進一步解析臺灣中小企業目前數位轉型的狀況、面臨何種機會與挑戰，以及產業應如何進行數位轉型。

公司介紹

　　雲端服務全球領導廠商AWS（Amazon Web Services）為亞馬遜公司的子公司，在二○○六年時原本是一個內部單位，後來開始向外提供公有雲的服務，成為全球第一家公有雲廠商。在市場上提供七年的服務後，全球才有第二家公有雲的服務公司在市場上出現。AWS的服務遍及全球，客戶型態包含政府、企業、新創和各種橫跨不同行業的公司。以美國來說，客戶包含國務院、國土安全部、國防部、財政部、太空總署、國防部和中情局等，全球的企業客戶包含Netflix、Airbnb和Pinterest等。

臺灣產業數位轉型的現況

　　臺灣近年在數位轉型上有加速的趨勢，首先是因為疫情前企業慢慢瞭解到數位轉型的需求，包含新的科技、新的商模、新的應用模式，甚至新的消費者都進入市場，企業的經營跟全球的競爭產生非常大的變化。再來到了疫情期間，轉型速度又增加了一次，因為大家在思考如何讓事情不受到疫情影響而正常運作，所以如果改變的速度不夠快，就有如用舊武器打新戰爭，實力不對等。英國新聞週報《經濟學人》不斷強調，數據是新石油（Data is the new oil），所以如何

在新石油中淘金，不論是 ChatGPT，還是全球政治經濟的局勢對抗，都跟科技有緊密的連結性，大眾在數位轉型的意識上也有普遍的提升。

雲端服務與科技的關聯

在科技和雲端服務的運用上，最常看見的是資安問題，而最大問題往往不是詐騙者、駭客等這些為非作歹的人，而是網路上的端點防護（end point protection）不夠確實。像在疫情中大家都連上網路作業、處理公司的事情，因此給了駭客很多可乘之機，所以預防敵人入侵主要還是需要武器對等，才能做好攻防。同時，在累積大量數據的過程當中，可以知道如何快速偵測、因應和回覆，公有雲都有提供很多解決方案。

在資安這方面，建議上市上櫃公司要聘用資安長，因為過去有很多資安勒索的事件，而資安長的存在就可以給投資人很好的保障。過去資安長的工作內容通常都是讓資訊科技相關人員處理，現在會建議要請曾經有實戰經驗且成功的人士擔任此職位，否則危機發生後再請資安廠商來，便會延宕提出攻擊防禦與應對的策略。

AI 科技也與雲端服務有深刻關聯，以一家大型的產業

為例，其從事八吋及十二吋矽晶圓生產製造，過去他們是用人工進行瑕疵檢測，後來跟AWS合作改用人工智慧檢測，良率從百分之九七提升到百分之九十九點九九九。過去他們每天人工檢測五小時，用了AI之後，檢測五分鐘就完成。發展AI要有算力，透過持續的訓練，調整這些參數之後，最終可以找到一個最佳的演算法。王定愷總經理也分享，演算法是賺錢的，算力是花錢的，花費太多錢購入電腦，卻沒有資源投資人腦，也會讓整體轉型不夠全面。因此企業應該投資在演算法上，也就是人才上，如此一來就無需再買固定資產，產生不必要的資本攤提。

產業與政府的數位轉型

現今產業與政府的數位轉型，仍出現斷裂的現象，不管是商業上的競爭，或者是地緣政治上的緊張，數位轉型很大的核心都圍繞在資料（data）上面。王定愷總經理認為，民間企業、政府單位及新創公司都應該想清楚自家的數據策略，如果《經濟學人》說資料是新石油，那可以規劃如何針對這個新石油淘金、當中會有哪些戰略，更進一步延伸，便要思考資料庫是否有彈性、資料如何來，以及資料庫格式、資料交換等等問題，這些都需事先思考與部署。

　　除此之外，新創公司比較沒有資料，但他們有創新技術、對網路操作擁有數位識讀力（digital literacy），如此就可以透過建立生態系的方式，在媒合關係中與成熟的組織，例如政府單位、企業彼此共同成長。以AWS服務的內容為例，公司與經濟部中小及新創企業署提供中小企業轉型服務，尤其在資訊化分類方面，需求端有一百多萬家中小企業，供給端有很多的臺灣優秀新創公司，中小及新創企業署便讓符合創新應用的公司成為合格的供應商，讓中小企業可以向這些單位取得服務，不但可以幫助中小企業轉型，新創公司還可以透過政府資源，在臺灣獲得很好的落地實踐機會，未來也可以成為到海外拓展業務的良好基礎。

　　中大型企業方面，二代轉型也常因為代溝而出現轉型困境，而上一代的舊經濟如何與下一代的新經濟整合是解決困境的關鍵。通常在舊經濟中，上一代有非常寶貴的經驗，生態系統也比較穩定；在新經濟成長的下一代在網路時代中，有很強大的數位識讀力，所以知道如何在網路上運作、創造話題。王定愷總經理認為，舊經濟和新經濟的整合需要具備幾個概念：第一，更快速的迭代。像是網路上有什麼大家關注的事情，可以透過數據挖掘出來，或是忽然出現的事件可以得到大家廣泛的重視。這件事的聲量跟關注度，有可能會促成實體世界中一定程度的調整，甚至翻盤，這些都屬於新

經濟現象。

　　此外，相較過去做產品，只要一切照計畫進行，就能提升產品的能見度，而現在的快速迭代則是用實驗的方式把最大公約數需求找出來，而且需要更快速地進行低成本高效率的試錯。如果能因此做好最小可行性商品（minimum viable product），等待時機到來就可以快速推動產品的出現。而二代轉型的困境，在於一代害怕二代把建立起來的基業搞砸，但現在的試錯可以用雙向門（two way door）的方式多項嘗試，讓企業可以不用傷筋動骨，如果碰到失敗還可以走得回去。

成為AWS人的特質

　　雲端科技現在發展得非常快速，包含政府、新創和各行業都有需求。要能成為AWS人，首先需要有處理技術的熱情，王定愷總經理建議大家可以先進行一些實作，會產生更多想法，甚至還可以準備相關證照，當進入AWS後就會對相關工作內容有更多瞭解，並快速提升自己的能力。另外亞馬遜的招聘過程都在尋找志同道合的夥伴，所以招聘時會請五、六個部門的人進行面試，過程又特別重視應徵者對亞馬遜公司文化的認同感，尤其是在領導力準則（請見補充）的

部分，因此面試時會分享在這個準則上有什麼可以應用的場景和個人故事，藉此認識應徵者的個人特質。所以對於技術有熱情，也認同亞馬遜公司文化，就會是AWS有興趣的對象。

觀點與啟發

- **創新與市場先行者優勢**

  AWS作為首個提供公有雲服務的公司，展現了創新的價值及市場先行者的優勢。透過創新技術滿足了市場未被發掘的需求，建立起強大的品牌與市場地位。這提醒我們，積極創新並迅速佔領新市場，可以為企業帶來長期的競爭優勢。

- **多元化客戶群與擴展市場**

  AWS成功吸引了從政府到企業的廣泛客戶群，包括國防部和Netflix等大型機構。這展示了有效市場定位和產品多樣化的重要性。企業應學習如何透過客戶需求分析與產品創新，來擴展其市場佔有率和客戶基礎。

- **數位轉型與技術應用**

  臺灣的數位轉型加速趨勢凸顯了數位科技在現代商業

運作中的重要性。AWS利用雲端技術助力企業數位轉型，顯示出企業應積極擁抱數位科技，以提升效率和創新能力。企業需瞭解如何有效利用數位科技來促進業務成長和競爭力。

- **資安意識與管理**

  隨著科技的蓬勃發展，資安問題變得日益重要。建議企業應重視資安管理，投資於高品質的端點保護和數據安全。此外，聘請有經驗的資安專家和採用適當的技術解決方案對於保護企業資產至關重要。

- **AI與算力的應用**

  AWS利用AI技術提升生產效率的案例，強調了人工智慧在提升企業營運效率的重要性。企業應考慮投資於AI和機器學習技術，以提升產品品質和作業效率。同時，重視人才培養和演算法開發將對企業長期發展有重大影響。

- **舊經濟與新創的合作**

  政府和企業在數位轉型上，若擁有data便可與新創合作，以補足創新技術不足的部分。而政府和AWS也持續提供這方面的媒合服務，過程會經過資格審查，然後再提供媒合。另外在面對二代轉型的困境

上，舊經濟與新經濟的整合，需要快速試錯、試驗，並規劃不會傷筋動骨的策略，才能讓二代順利的完成轉型，或是即便失敗也還可以回去舊經濟中繼續發展。

總結來說，ＡＷＳ的個案展現了創新、多元化市場策略、數位轉型、資安管理和人工智慧技術的重要性。這些策略不僅適用於雲端服務業，也適用於各行各業，對於希望在競爭激烈的市場中獲得成功的企業而言，這些都是不可或缺的策略。

乘著新經濟的浪潮轉型
亞馬遜網路服務公司（AWS）

補充 ─────

亞馬遜領導力準則（Leadership Principle）

1. Customer Obsession　顧客至上

2. Ownership　主人翁精神

3. Invent and Simplify　創新簡化

4. Are Right, A Lot　決策正確

5. Learn and Be Curious　好奇求知

6. Hire and Develop the Best　選賢育能

7. Insist on the Highest Standards　最高標準

8. Think Big　遠見卓識

9. Bias for Action　崇尚行動

10. Frugality　勤儉節約

11. Earn Trust　贏得信任

12. Dive Deep　刨根問底

13. Have Backbone; Disagree and Commit　敢於諫言，服從大局

14. Deliver Results　達成業績

15. Success and Scale Bring Broad Responsibility　成功和規模帶來更大的責任

16. Strive to be Earth's Best Employer　致力於成為全球最佳雇主

04 娛樂、出版、音樂、藝術

穿梭虛實且創造力無窮
的遊戲產業

—— 始祖鳥互動娛樂 ——

　　在數位科技蓬勃發展的時代中，遊戲產業帶來的商機為全球關注的現象。根據數據分析機構 Sensor Tower 發表的《二〇二二年全球手遊市場報告》，臺灣目前已成為全球第五大手遊市場，且在歐、美、中、韓等手遊玩家消費量降低時，臺灣手遊玩家的消費卻呈現逆向成長的趨勢，足見遊戲產業在臺的發展實力。知名遊戲公司始祖鳥互動娛樂的執行長錢幽蘭，在八〇年代為家喻戶曉的玉女歌手，歷經轉型成為音樂產業幕後人員後，又因為喜愛玩遊戲，因緣際會投入遊戲產業成為手遊公司執行長。近二十年間她透過不斷挑戰自我，結合過去的音樂、經紀等專業，創立自己的公司，過程也見證了臺灣遊戲產業的發展。在錢執行長的分享中，逐步解析遊戲產業的市場變化、競爭規則，以及她如何看待當

今盛行的元宇宙浪潮，藉此一探遊戲產業的未來脈動。

公司簡介

　　始祖鳥互動娛樂由錢幽蘭於二〇一七年創立，是以企業永續經營成長的理念下所創建的線上互動娛樂平台供應商，除了提供使用者豐富的遊戲體驗，也積極代理優質遊戲，並以全球市場為核心提供玩家更多元的娛樂。執行長錢幽蘭從歌手身分轉型為音樂產業幕後人員時，因緣際會從遊戲玩家身分投入遊戲產業的產品運營，初期歷經遊戲「仙境傳說」第一線客服的種種挑戰，到後來經過遊戲新幹線副總、完美世界東亞副總和得藝娛樂集團執行長等歷練，在與多個遊戲大廠合作後，逐漸累積遊戲行銷、投資策略的經驗，並成立始祖鳥互動娛樂，開啟自己的遊戲事業。目前始祖鳥互動娛樂服務項目包含遊戲運營、平台營運和會員服務，產品包含重量級 IP 手機遊戲如「九州天空城 3D」、「瑯琊榜 3D ——風起長林」、「萬王之王 3D」和「龍族幻想」等。

產業概況

　　近年來遊戲與音樂、影視等產業形成密不可分的關係，也帶動不少創作者與相關產業夢想成真的機會。而遊戲產業

的經濟規模為不斷變動的過程，從封閉式的環境走向端遊[1]時期的開放，接著到手遊[2]時期又經歷封閉式的運作，如今鏈遊[3]的發展又讓經濟規模走向開放式的發展。所以遊戲產業的轉型，隨著各產業的數位轉型、創新，就像河流的許多支流匯集成區塊鏈的大海。然而看似充滿前景的數位藍海，仍充滿眾多未知數，有些仍停在概念與醞釀階段，因此相關的法令、金融規範也需要同步成形，才能避免虧損、助長不法之事出現。

挑戰與機會

二十年前的遊戲產業，端遊才剛興起，那時仍屬於拓荒階段，各家遊戲業者以代理遊戲為主，但同時也有業者進行研發，臺灣自己推出的單機版遊戲在當時已有傲人成果。後來互聯網出現，遊戲可以多人連線後，知名的線上遊戲如「天堂」、「仙境傳說」和「龍族」等等開始把握創新的機會，相較於傳統產業有固定的作業流程，那時的遊戲產業並沒有絕對的創造標準，所以只要願意投入製作，便一定會有發展的機會，過程中也容易獲得動態的反饋。例如會清楚知道做得好的部分，便可以選擇保留那樣的成果；如果獲得不好的反應，就可以打破既有規則，再造新的機會，而在這時候也是可以看到遊戲產業藍海的階段。

　　到了頁遊[4]時期，遊戲產業出現另一種衝擊。在這個時期的玩家只要點一下滑鼠便可以進行遊戲，好處是相當方便，但缺點便是它沒有像端遊一般可以享受聲光跟深度內容的運作。但頁遊仍有很大的獲利空間。其模式類似於鏈遊，雖然玩的不是精緻的遊戲設計、程式的豐富內容，但仍可在其中體驗商業模式、遊戲數值，這也是遊戲業者巨大的獲利來源，而頁遊時期中國推出的「七雄爭霸」便是最佳案例。

　　然而頁遊的興盛為期並沒有太久，直到二〇〇七年智慧手機出現，在硬體和軟體提升的推波助瀾下，輕度付費的手遊如 Angry Bird、Candy Crush 等蔚為風潮，但後來仍是每用戶平均收入（ARPU）較低。直到智慧手機系統不斷革新，出現了 Web 2.0，遊戲產業在二〇二一年前已進入臺灣

1　端遊即「電腦線上遊戲」。玩家需下載「客戶端程式」（Client）並安裝在電腦內。早期受限網路頻寬，業者多會在超商等通路上架屬於端遊的光碟產品包。

2　手遊即「手機遊戲」。隨著網路頻寬加大及手機規格功能不斷提升，以手機安裝與啟動遊戲越來越快，手遊便取代端遊成為最普及的線上遊戲。

3　鏈遊即「區塊鏈遊戲」（GameFi），結合「遊戲」（Game）和「去中心化金融」（DeFi）。此為遊戲化金融系統，是利用加密貨幣、NFT以及區塊鏈技術所創造出來的遊戲世界。

4　頁遊即「網頁遊戲」。無須下載客戶端程式（Client），只要打開網頁、更新檔案就可遊玩。

十大產值的企業，成為未來臺灣產業發展中的重要一環。而現今正在話題上的元宇宙，其概念其實一直存在，只是到了現在才有明確定義，也陸續促成後來許多創意的發展。

遊戲產業的未來

遊戲產業從二〇〇五年端遊盛行時期，不斷在打破既有框架和建立創新局面之間運作，這是屬於動態調整的過程，所以一直無法有一套能固定運用的準則，而如何創新、打造成功的模式，是遊戲產業不斷要思考的問題。錢幽蘭執行長也分享，當今盛行的手遊除了碰到同業競爭的挑戰，也開始面對智慧手機系統如 iOS、Google 平台推出的隱私權保護政策。這對於玩家來說是好的保護，但對於遊戲業者來說便需要花費更大的成本。

錢幽蘭表示遊戲產業的未來發展，如同一個人前世的孟婆湯沒有喝夠，所以他的記憶還留存在封閉的時候，到了來世時，又再次被打開。目前遊戲產業的鏈遊在二〇二一年已經如火如荼展開，雖然曾碰到資安危機，但以獲利和使用人潮來看，鏈遊已經打開了 Web 3.0 的時代。過去端遊時期，遊戲產業持續出現不同的供需狀態，例如二〇〇五年端遊盛行時期，玩家會進行開放交易，也就是打到寶就可以進行交

易，甚至也可以到線上虛擬寶物公司買賣寶物。即使官方會因此凍結該玩家帳號或進行處罰，但玩家的開放交易仍在檯面下持續進行。後來也有像是工作室、幣商等專門依靠打寶獲取虛擬貨幣的組織，會將貨幣轉為對價關係而在現實中盈利，因此官方與玩家常處於你追我躲的狀態。

到了手遊時期，依然出現賣帳號、帶鏈等獲利手段，可見玩家不斷有藉遊戲賺錢的欲望，這樣的現象也促成後來遊戲業者直接成為莊家的遊戲型態，但仍存有產出貨幣影響遊戲生態的議題。因此始祖鳥互動娛樂執行長錢幽蘭表示，玩家想在遊戲中獲利，需要慎選遊戲，並清楚知道自己在玩什麼、想做什麼。如今，有鑑於官方和玩家不斷出現相關問題，錢執行長認為若能將遊戲、鏈遊外的經濟體系循環發展到成熟的階段，對於玩家和遊戲業者才是雙贏的結果。

元宇宙的未來

元宇宙的形成看似為近年崛起，但錢執行長認為這絕不是近一兩年就形成的風潮，因為過去遊戲中的角色扮演、虛擬世界的沉浸感，都已經可以看見元宇宙的影子，所以早在端遊創造角色的那一刻，人們就可以操控角色、進入某個世界，就已經如元宇宙一般創造個人的第二人生。因此元宇宙

具備很多跟遊戲有關的元素，跟遊戲的連結也非常強大，在其中人們可以將遊戲視為自己的人生，自己的人生就是所操控的遊戲。

除此之外，政府部門也開始跨足元宇宙的發展，例如韓國計畫於二○三○年前完成為期五年的「元宇宙首爾基本計劃」（Basic Plan for Metaverse Seoul），內容便是要將公家機關的公務數位化，這樣創建出來的元宇宙就可以全天二十四小時辦公，如此方便的模式，如果碰上影響全球的事件如新冠疫情，就能讓人們跳脫實體空間的限制，能夠辦公或從事各項活動等生活內容。雖然元宇宙目前在臺灣的發展並不興盛，但元宇宙也提供了政府機關乃至娛樂產業更多元發展的機會。

觀點與啟發

● 跨領域轉型與創新

始祖鳥互動娛樂的執行長錢幽蘭，從音樂產業轉戰遊戲產業，她將音樂產業的經驗與創意融入遊戲產業，展現了跨領域結合與創新思維。而能從音樂產業順利轉型到遊戲產業，也顯示持續學習和高適應力的重要

性。在管理層面上，這種能力對於引領企業穿越快速
變化的市場環境至關重要。

- **市場變化的適應與應對**

  遊戲產業的快速發展與變化要求企業不斷適應新趨
  勢。始祖鳥互動娛樂不僅限於傳統的遊戲開發，還涵
  蓋了代理、行銷及新技術（如元宇宙）的探索。這種
  策略多元化能夠增強企業的市場競爭力，同時為企業
  成長提供多個路徑。

- **數位技術的深度應用**

  領導者對於遊戲產業中數位技術的應用有深入的理解
  對企業至關重要，特別是在未來的策略發展上。以客
  戶體驗而言，透過不斷改進遊戲內容與交互體驗，可
  以增加用戶黏著度，從而提升長期的客戶價值。而未
  來也可透過元宇宙創造沉浸式體驗，為用戶提供更加
  豐富多元的互動經驗。始祖鳥互動娛樂對遊戲體驗
  的持續改進，證明了公司重視以客戶為中心的創新策
  略。

- **對未來趨勢的前瞻性思考**

  始祖鳥互動娛樂對於元宇宙等前瞻技術的探索，深入
  探究但不躁進，顯示了企業對於行業未來發展趨勢

的敏感度和前瞻性。這種能力不僅有助於捕捉新的商機，也是推動企業持續創新和成長的關鍵。

- **面對挑戰的策略思維**
  領導者對於遊戲產業中存在的挑戰（如平台政策的變化、用戶行為的演變）有清晰的認識和應對策略。展現了在複雜且競爭激烈的市場環境中，有效的策略規劃和市場洞察的重要性。

總體言之，始祖鳥互動娛樂透過創新、學習和適應來應對快速變化的市場，同時也強調了在數位時代中，企業領導者需要具備前瞻性思維和跨領域整合能力的重要性。

穿梭虛實且創造力無窮的遊戲產業
始祖鳥互動娛樂

在數位科技潮流中
尋找出版解方

—— 城邦媒體集團 ——

　　近十年網路科技的興盛，讓人們獲取資訊的方式變得多元，而出版業也面臨衝擊，紛紛尋找數位轉型的方向。臺灣知名的出版集團——城邦媒體集團自成立至今已有將近三十年，其在數位化的潮流中，歷經實體書市場漸漸萎縮的困境。然而面對時代變化，城邦媒體集團也於十年前啟動數位轉型，至今每年有不錯的獲利。在此同時，每年也會撥出百分之二十的資源從事各種數位嘗試。透過城邦媒體集團何飛鵬執行長的分享，進一步探討數位轉型中出版業的挑戰、機會，以及以紙本書出版為主的出版集團如何因應數位潮流。

公司介紹

城邦媒體集團成立於一九九六年，主要提供期刊發行、廣告銷售、書刊出口、圖書發行、圖書版權貿易和代理、圖書編譯及書刊訊息網站等服務，旗下事業體包含電腦家庭出版集團、城邦出版集團、尖端媒體集團、商周集團、儂儂國際媒體集團、網路社群事業群與城邦基金會，集團內的出版品項豐富而多元。

出版業的挑戰和機會

出版業為泛媒體產業，無論是報紙、雜誌，還是圖書出版，都是大的內容產業。以城邦媒體集團而言，圖書和雜誌是集團經營的主力，而這兩個產業近十年來，在財政部的統計數字中，每年正以百分之五到十的幅度往下衰退。

以圖書為例，二〇〇九年財政部的統計數字顯示，整體的市場營業額大約有三百六十億台幣左右，到了二〇二〇年，城邦媒體集團私下統計整個圖書出版產業的市場營業額，只剩下一百八十億。不到十年間圖書出版的營業額只剩下一半，所以出版業面臨的挑戰非常嚴峻。而城邦媒體集團的雜誌部分，在集團內發展最興盛時，共有超過三十種以上的雜誌，然而近十年在單一市場的衰退中，集團內不斷減少

印量，部分刊物最終也走向停刊命運，如今集團內只剩餘十幾種雜誌。

在這樣的挑戰之下，何飛鵬執行長坦言集團內雖然目前為止沒有明確的應對方式，但仍然找出了一些因應方向，例如圖書出版仰賴編輯的專業，聚焦在更精準的選題，確保出版的書可以被讀者接受且能暢銷。另外，也可以運用已知推測未知的方式選擇題目，尤其是觀察整個市場、通路公布的銷售數字，便能知道哪些書會暢銷、哪些書比較好賣。

何飛鵬執行長以近年銷售較好的親子類型書籍為例，他觀察到父母會將個人期望寄託於孩子身上，所以再貴的書都願意買給孩子。因此近年許多出版社都開始著力在親子類型的出版物，這就是從已知推算未知而帶來獲利的例子。

出版業應對挑戰的方式之一還有推出電子書，因為電子書的市場在最近四、五年來幾乎翻倍成長，相關的市場也非常可觀。因此出版業通常在談紙本書版權的同時，也會將電子書的版權一起買下來。另外國外的有聲書市場相當龐大，但臺灣的市場仍較小，也可以視作出版業數位轉型的其中一種方式，現今城邦媒體集團在這方面也有著手相關的業務發展。

在雜誌方面，轉型的過程中通常會經營線上雜誌，也就是經營線上頻道。以城邦媒體集團的《PC home》雜誌為例，便成立了「T客邦」電子化的網路頻道，媒體透過在上面經營各種內容，就能讓頻道的流量越來越大，此時便可以在上面做廣告而有相關獲利。所以雜誌在轉型過程中，通常會經營附屬的網路媒體，若有一天紙本雜誌停刊，就會留下網路媒體繼續經營。

現今有不少媒體推出訂閱制內容，以因應出版業日益萎縮的市場，然而何飛鵬執行長認為在all you can eat的飽讀式訂閱制中，不太容易把市場做大，因為每個人都花一點點小錢就能獲得最大使用量，對於出版業來說利潤也相對有限，長遠來看利潤並不高。

出版從業人員的近年變化

出版業的從業人員在面臨數位轉型的同時，也須面對轉換跑道、專業提升的狀況。在出版業中有些人適合從事紙本工作，但若是未來紙本不存在，這些人便被迫要轉型，例如從事網路頻道的工作。以城邦媒體集團為例，公司內部會提供相關訓練課程，讓從事紙本工作的人可以提升經營網路的專業技能。

　　經歷過新冠疫情，出版從業人員也開始出現可以在家工作的彈性辦公方式，例如編輯可以選擇在某段時間在家上班，並於必要的時候再進辦公室工作。而對於公司來說，未來辦公空間就不需要太大，因為不需要每個人都進辦公室，因此辦公空間只要提供一半的位子就足夠，而另外一半的人可以選擇在自己喜歡的地方上班。新冠疫情後大大改變了人們的工作型態，何飛鵬執行長也認為現在的公司必須提供員工在家上班的選項，這也正是許多公司開始轉型的部分。另外，管理者面對疫後的新工作型態，則需要抱持信任的態度，並且建立溝通機制，就能讓團隊共同創造良好的工作績效。

出版業的數位科技投資

　　當出版市場開始轉往發展電子書或有聲書，投資數位科技也會是同步發展的環節。何飛鵬執行長認為，在數位轉型的過程中，數位科技投資是成本中心，所以無法以投資報酬率去計算，因為數位科技是轉型中一定要花費的成本。出版業想要轉型成功，唯有努力發展數位科技，才有可能趕上社會和產業發展的變化，並且在數位科技發展過程當中，也需要有能力去管理技術人員，才能控管發展進度。

觀點與啟發

- **數位轉型在出版業的必要性與挑戰**

  城邦媒體集團面對的最大挑戰是傳統出版業的衰退和數位媒體的興起。透過強化電子書和有聲書的出版，以及發展線上媒體和訂閱制內容來應對，這些舉措突顯了在快速變化的市場環境中，企業需要不斷適應並尋找新的營運模式。

- **市場分析與精準定位尋找新機會**

  城邦媒體集團透過編輯的專業選題、從市場銷售數字推測可出版的書籍題目，如親子類型書籍，讓出版朝向新的領域逐漸擴展。這種對市場需求和趨勢的瞭解，協助該公司在衰退的市場中找到新的機會點。此外，將紙本內容轉為電子書、有聲書，也是因應萎縮市場的方式。而雜誌部分，在持續發行紙本刊物之外，也需要一起發展網路社群，以因應未來紙本刊物走向停刊的可能。

- **人員培訓與彈性工作安排**

  面對出版業的變化，何飛鵬執行長認為相關從業人員需不斷提升自己的技能，才能不被時代淘汰。面對數

位轉型，城邦媒體集團也重視員工的培訓和發展，確保員工能夠適應新的工作需求。此外，疫情帶來的工作模式變化也促使他們採取更靈活的工作模式，這不僅提高了工作效率，同時也提升了員工滿意度。

- **數位科技投資的角色定位**

  城邦媒體集團認識到在數位轉型過程中，數位科技投資是必要的成本中心。這種認知幫助公司實現長期的業務目標，即使這意味著短期內可能無法看到直接的財務回報。而這些數位科技投資，除了用以強化組織營運效能及數位出版外，也可以考慮聚焦於市場變化的瞭解與客戶需求的掌握，以提升出版的精準性，亦可嘗試進行新的商業模式探索，找尋下一個藍海。

- **應對市場變化的靈活性**

  從城邦的案例中可以瞭解該公司面對市場變化時展現出的靈活性，包括對新技術的採用和不斷調整業務策略，這也是現代企業在快速變化環境中生存和成功的關鍵。

　　總體言之，雖然面對逐漸萎縮的市場，但城邦媒體集團不斷的探索與嘗試，且不吝於投資，透過持續的市場分析、更精準的選題、人才培養和數位科技的投資來應對傳統行業的挑戰，值得同樣受到數位科技重大衝擊的產業作為企業轉型的參考。

在數位科技潮流中尋找出版解方
城邦媒體集團

數位科技掀起的流行音樂
新型態

—— 陳子鴻、黃韻玲、林隆璇 ——

　　數位浪潮襲來，創作者的創作歷程、呈現方式也開始產生不同變化。在流行音樂領域，音樂的載體經歷多種轉變，也讓音樂創作的門檻降低，在結合數位科技後能與創意產生更多的火花。現今音樂呈現方式變得更加多元，例如以 AR、VR 提供擬真感受、5G 技術創造異地共演的表演型態等。而聽眾可以更多元自由地接觸各種類型音樂，所需的相關花費也降低。此文透過三位跨域創作的音樂人陳子鴻、黃韻玲和林隆璇的分享，一起解析流行音樂產業的環境變化、如何進行轉型以及面對挑戰。

流行音樂的近年發展

音樂因為數位科技的快速進展，載體已從過去類比時代的運用母帶錄音、以黑膠唱片聆聽音樂，然後發展到藉錄音帶、CD播放音樂，到現在數位時代，大眾已經可以在網路上聽取音樂。這樣的發展對音樂人來說，會因為創作工具多元、作品發表更自由，而降低進入這個領域的門檻；另外創意因為能更快被記錄下來，相較過去也可以即時呈現在大眾面前。資訊量來源越豐富，也越容易讓創作者得到更多刺激與靈感。對喜愛音樂的大眾而言，也因為獲取音樂的管道更多元、自由，相較過去降低不少花費，也有更多機會接觸各種類型的音樂。

但在市場變化越來越快的同時，音樂人也發現挑戰跟困難變得更多，例如音樂創作需要更精準抓到目標客群，如此才會容易引起共鳴、獲得迴響。除此之外，創作的方式也開始跟著改變，像是過去歌曲前奏會透過鋪陳才進入核心精神，現在的創作則是前奏變快、很快進入主旋律，試圖快速抓住人們的注意力。過去音樂可以像「站在巨人肩膀上作研究」，也就是根據受歡迎的音樂內容，再進一步分析、進行新的創作；現在則是因為資訊量豐富，音樂人便需要透過更多分析判斷才能創作歌曲。除此之外，音樂人的獲利方面，數

位科技的進步讓進入音樂領域的門檻變低，卻也讓競爭變得更大，所以音樂產業相較過去則呈現更不容易賺錢的現象。

數位科技在音樂的運用

面對市場的大幅變動，資深音樂人認為不論是載體、創作方式還是獲利模式，還是可以透過改變觀念、善加運用數位科技幫助音樂產業發展。例如在創作上，AI科技可以幫助結合創意形成新創作。表演呈現上，透過AR或VR可以在不同空間創造真實的聆聽感受，或是將實體演唱會轉為線上直播方式，即使在疫情期間大家無法出門時，還能透過元宇宙舉辦演唱會，讓活動跨越空間限制、增加臨場感，不只各地表演者可以異地共演，全球聽眾也可以一起參與。其他還有虛擬偶像的創造，也能透過重新設計人物形象，或是把某個角色原型立體化，都可以延伸更多創作內容。另外音樂創作也可以結合NFT創造粉絲經濟、為作品增值，以及進行促銷，讓創作能在各方面提升價值。

如何因應數位帶來的變化

面對數位科技的快速轉變，音樂人在創作內容或工具應用上，仍需要累積音樂涵養的深度和廣度，同時也要增加個

人生活體驗，才能讓創意跟世界對話。在經營作品部分，需要清楚定位願景並找出核心競爭力，尤其透過現在常強調的創作者人設，可以將自己視為品牌來經營，呈現自己的獨到見解，追求在廣大市場中的辨識度。

另外，音樂人面臨更大的競爭市場、獲利不易，所以也需要有更多創意推廣作品，並拓展與他人合作，創造不一樣的模式，共同獲取最大利益。而為了面對不斷變化的數位時代，無論在創作、製作還是推廣，音樂人仍需要培養運用科技的素養，才能處理錄音技術、科技建置、行銷和公播權運作等工作內容。

音樂人的轉型發展

隨著音樂市場大幅變化，如何打造一位明日之星在市場中脫穎而出，現在還沒有一定的成功模式，喜歡音樂創辦人兼總經理陳子鴻，目前也是臺灣師範大學流行音樂產學應用碩士在職專班兼任副教授。他長期深耕於幕後，有鑑於當今培養音樂人才需要團隊協力，加上期望能將音樂相關專業進行傳承、提升臺灣幕後音樂人的素養，於是與美國音樂教育品牌1500 Sound Academy聲量音創學院接洽後，成為該校臺北校區校長。目前該校不僅提供專業音樂訓練，也提供獎

學金給經濟條件受限、同時喜愛音樂創作的年輕人上課。在市場擴大方面，陳子鴻擔任總經理的喜歡音樂，也成立熟齡歌唱班，讓更多人可以參與優質的娛樂內容。陳子鴻於臺灣師範大學也從教授音樂製作專業的課程，延伸出「音樂創新創業與財務策略管理」的有關音樂行銷、版權等課程，讓有心想進入音樂產業的人都可以獲得相關專業學習。

　　曾任歌手、主持人、演員，現在到臺北流行音樂中心（以下簡稱北流）擔任董事長的黃韻玲，透過經營北流，也開始思考如何串接產業的上中下游推動產業發展，以及扮演音樂創作者和場館空間的橋樑，讓更多人能到北流舉辦表演，例如未來在跨年時可以串聯其他場館舉辦跨年活動，讓各單位有更多交流合作。為了讓更多人認識北流、推廣音樂內容，館內的常設展、特展也透過線上方式讓全球進行參觀。未來甚至會增加 5G 應用，讓實體表演可以轉為線上內容，未來北流也將會陸續透過數位科技，讓音樂產業有更多延伸發展。

　　同樣也是跨域轉型的林隆璇，在當過歌手、創作者、專輯製作人和經紀人後，這幾年更轉型成為青田音樂文化總經理、臺南應用科技大學流行音樂系教授，並進行正念認知教學。林隆璇認為，現在從事經紀人要投資一位藝人，已經很

難獲利,所以需要依靠音樂以外的商務,例如代言、戲劇或業配等商業模式才能賺錢。目前他也隨著市場轉變開始經營自媒體或數位串流的內容,並且關注觀看率、訂閱率和點擊率等數據,在結合數位科技運作下,讓音樂內容、藝人能全方位發展。

觀點與啟發

• 數位科技帶來的創作自由和挑戰

數位快速發展,讓音樂的載體有了很多變化,而且大眾聆聽音樂的管道變得更多元、自由。音樂人在創作上的進入門檻降低,過去的歌手通常要參加歌唱訓練班、比賽才能出道,如今透過數位工具,就可以整合音樂人的創意呈現在大眾面前。同樣的,數位科技也為音樂人帶來更多刺激和靈感,能更快結合創意成為新作品。然而,這同時也導致市場競爭加劇,對音樂人來說,不僅要在創作上有所創新,還需要更精準地定位目標聽眾,以在豐富的音樂市場中脫穎而出。

• 科技與創意的融合

數位科技也幫助音樂產業呈現天馬行空的想像,例如運用元宇宙達成異地共演、創造虛擬角色,或運用 AI

結合創意再延伸出新作品。另外也可以用NFT協助作品成為新產品，也能成為一種促銷方式，接觸到更多族群。除此之外，數位科技能創造粉絲經濟，或者透過區塊鏈的延伸，繼續創造獲利。在數位浪潮中，音樂產業也可以形成生態共生，讓這個產業的人士可以互補有無、分工合作。這都是應對數位時代的創新策略。

● **適應數位時代的創作者素養**

在數位時代，音樂創作者不僅需要具備音樂涵養和創意，還需要瞭解和運用數位工具，以及對市場趨勢進行分析。這要求音樂人不斷學習新技術，並適應變化迅速的市場環境。

● **音樂教育與人才培養的重要性**

音樂教育在培養未來音樂人才方面扮演著關鍵角色。隨著市場的轉變，音樂教育機構需要結合實務經驗和數位科技，幫助學生建立全面的音樂素養，並為未來音樂產業的發展做好準備。

● **如何在流行音樂市場中勝出**

要在快速發展的時代中吸引大眾注意力，資深音樂人給流行音樂從業人員建議，仍需要大量涉獵各類型音

樂、體驗生活和培養對數位的運用，才能增加創作的能量、更好地使用數位技術創作、保護自己的作品，甚至幫助自己行銷。音樂人也需要擬定願景，當有了清楚目標就可以知道如何進一步發展。

總體而言，音樂產業在數位時代雖然面臨許多挑戰，但也帶來許多新的可能。這次透過陳子鴻、黃韻玲和林隆璇三位資深音樂人的分享，也可以看到他們在面對挑戰時不斷的探索轉型，創造自己的人生第三曲線，並且透過傳承、培養更多音樂人才、協助藝人用全方位方式增加獲利，或是成為創作者和場館空間的橋樑，在串聯上中下游的過程中推動音樂產業的發展。因此，數位時代的創作者需要不斷探索、創新和適應，同時教育機構和產業界也應攜手培養具備數位時代所需技能和素養的音樂人才，為未來音樂產業做好相關的部署與準備。

陳子鴻（上） 陳子鴻（下） 黃韻玲（上） 黃韻玲（下） 林隆璇

數位科技掀起的流行音樂新型態
陳子鴻、黃韻玲、林隆璇

數位成為藝術創作的助力

—— 台新銀行文化藝術基金會 ——

　　藝術結合數位科技產出創作的時間，最早可以從攝影、錄像創作的時代談起，而到了元宇宙、區塊鏈盛行的時候，又讓數位藝術有新的媒介可以發揮創意，不同專業的人都可以因為這些載體化身為藝術家。致力於推廣臺灣當代藝術文化的台新銀行文化藝術基金會，因為成立「台新藝術獎」而讓更多人認識優秀的藝術創作者，而基金會董事長鄭家鐘過去為經濟學背景，後任職媒體界工作內容橫跨平面、影音，到台新銀行文化藝術基金會擔任董事長期間，累積了對臺灣當代藝術領域的諸多觀察。透過他的分享，引領大家一探當代藝術的內容、數位科技和當代藝術的關係，以及數位如何為藝術創作帶來機會與轉型。

基金會介紹

台新銀行文化藝術基金會以推動臺灣當代藝術文化為主要目標，並且不斷致力於本土藝術的觀察、評論與獎助。基金會在二〇〇二年開辦「台新藝術獎」，目前為基金會的業務主軸，執行範圍包含視覺、表演及跨領域藝術活動，此獎項的主動提名及跨領域評選機制，皆為國內首創的方式。基金會以作為藝術家和大眾間溝通的橋樑，除了持續向人們分享優秀的藝術創作，也延伸出相關的教育活動，期望能成為回饋社會的角色。

台新銀行文化藝術基金會推動的當代藝術（contemporary art），源自於一九六〇年代美國自覺現代藝術已無法趕上歐洲的發展，於是在二次大戰後、歐洲沒落時期，便開啟新的藝術浪潮，當代藝術便在此時興起。這樣的藝術精神著重不論美醜，只要能讓人有感受都可以名為藝術。另外，當代藝術也傳達打破界線的精神，因為一九六〇年代音樂家和畫家等藝術家開始結合在一起，並創造新的表現方式，於是出現有別於過去的創作型態，後來也相繼衍生出許多模式，像是行為藝術、觀念藝術和概念藝術等等。以概念藝術而言，法國藝術家杜象的作品《噴泉》，只拿了一個小便斗並在上面簽名，便稱之為藝術；安迪沃荷的普普藝術，就是將

瑪麗蓮夢露印刷出來，至今仍是為人津津樂道的藝術創作。
因此概念藝術往往在探索人本身的極限，同時質疑人與世界
的關係，並透過行為展現思考，提供人們豐富的啟發。

數位藝術與當代藝術的關係

　　數位藝術在藝術領域中不算是新的內容，因為過去的攝
影、錄像創作都已使用到數位科技，只是那時的技術還沒有
那麼先進，但這些創作也變成當代藝術不可或缺的內容。例
如一九七〇年代便有全息影像的創作，並且成為當時最盛行
的藝術話題；另外，臺灣過去也有數位藝術協會早已做了許
多前衛的創作，只是它們並不高調，但並不表示數位藝術過
去並不存在。而後來出現的NFT，又把很多藝術家的創作推
升到新的領域，於是在一定程度上也為數位藝術帶來新的創
作火花。所以數位在藝術界的發展中，不算是太晚開始進行
的領域。

　　數位在當代藝術裡扮演的角色，通常都被當作一種工
具，跟藝術的本質有所區別，這方面到如今也產生很多辯
論，其中福爾摩沙藝術銀行DAO的創辦人黃彥霖便曾提出
很好的觀點，他認為即使是數位藝術，在本質上都需要有
「斷線」的成分，亦即不跟隨邏輯的跳躍式想像力，「純粹只

是自動組合拼裝的東西，就算很酷、很炫，但沒有斷線的成分，那麼就不叫做藝術」，黃彥霖表示。

數位在藝術中的機會、轉型

台新銀行文化藝術基金會董事長鄭家鐘認為，科技發展往往容易在社會中掀起熱潮，藝術領域也會如此，所以在藝術中發展數位，首先需要回歸探討工具的本質，最後再回歸藝術的本質，例如探討數位與藝術兩者的本質是否能結合？是否能創造其他加乘效果？如果可以，那就有發展數位創新藝術的可能。

以 AI 與藝術結合發展為例，AI 的本質屬於根據大數據演算出的平均值，而在藝術創作中就可以運用在平均值的創作上，像是畫簡單的線條便可以運用 AI 創作，因為這樣的創作只需要平均值就可以完成。因此藝術家在創作的過程中，屬於重複性、技術性的工作可以運用 AI 大量縮短藝術家的創作時間。又例如 NFT 在藝術領域的運用，可以作為年輕藝術家觀察個人作品在市場上的反應，而這也象徵藝術家平權的時代來臨，因為藝術品只要在 NFT 上能夠被市場肯定，就保障了藝術家基本創作的財源，他們不必像過去的藝術家要到離世後才能獲得名聲與肯定。

　　第二是藝術需要擴大系統，例如創作結合元宇宙就可以有各種不同的組合創新，例如過去舞者把舞蹈表演完成，這個作品就結束，而如今在元宇宙中作品可以不斷被看見，甚至可以跟線下活動結合，因此擴大系統就可以容納更多元的內容。鄭家鐘董事長以「再現 Plus」說明藝術在元宇宙的運用，便是讓過去作品經過技術優化，再加上新元素就能讓作品不斷在元宇宙中被看見，這也是數位在藝術中產生的優勢。

　　第三是強化藝術的內核，也就是藝術的思想系統。很多人說數位化將造成藝術家失業，但鄭家鐘董事長認為藝術是處理各種關係的領域，包含自己跟世界的關係、自己跟別人的關係，以及自己跟自己的關係，過程中需要有感性的成分才能處理。當數位加入藝術後，便可以把感性的部分處理得唯妙唯肖、極大化人的感性系統，使人們的各個視角整合在一起。

　　第四是數位可以用來優化全局。當今公益、地方創生、藝術都各有其全系統，科技只是其中一項分支，但是當科技串連地方創生，就有機會擴大及優化原來的系統，而數位科技結合藝術後，也會優化及擴展藝術邊界。鄭家鐘董事長以行為藝術為例，若有一項表演為一群表演者躺著不動，最後

表演者全部起身代表表演結束，在這個過程中，觀眾若無法攝影，等於也無法再現表演的狀態。這種過程即是藝術，若是透過科技重新再現就可以成為一項產品。

鄭家鐘董事長也分享，數位與藝術的整合仍在初期階段，因此現在還是會出現很大爭議，如同藝術家杜象的小便斗作品也是在當時成為極大話題。而現在的元宇宙、人工智能等系統仍為人們掌控，以好處來看，優化各領域的程度必定會顛覆原有系統的運作方式。

觀點與啟發

- **數位科技對藝術的影響**

  數位科技的發展為藝術創作提供了新的工具和表達方式。從攝影、錄像到現代的 AI 藝術和 NFT，科技的進步不僅擴大了藝術的可能性，也為藝術家提供了新的媒介來展現他們的創意。這種融合推動了藝術界的創新，使藝術作品更加多元，也增強了互動性。

- **數位科技在藝術領域的運用方向**

  首要考量的重點是從科技和藝術的本質去看它們如何產生火花；其次是思考如何擴大系統。當人們擴大想

像、將虛實整合後就可以在數位系統上如元宇宙再現創作，或打造更多新的創作。再其次是強化內核，數位科技取代藝術家為不斷出現的話題，然而回到藝術的本質，是要處理各種關係的領域，而數位正好可以提升人們對藝術感性層面的感知，讓人們從各種角度體驗藝術。因此數位具有強化藝術的效果，不是顛覆的效果。最後是如何運用數位科技優化全局。當數位能與藝術結合，就能讓各種藝術形式成為產品。雖然數位與藝術的結合目前仍屬於初期階段，但相信未來多元運用下，藝術也會以各種形式帶來令人驚嘆的呈現。

- **數位藝術的市場與應用**

  NFT和其他數位藝術形式的興起，為藝術家提供了新的商業模式和收益管道。這些數位作品不僅擴大了藝術的觀眾群，還為藝術品的收藏和交易提供了新的途徑。

- **數位時代的藝術教育和人才培養**

  隨著數位藝術的興起，藝術教育也需要與時俱進。這要求教育機構和文化機構，提供學習和實踐數位藝術的機會，培養具備數位技術能力的新一代藝術家。

- **藝術與數位科技的未來發展**

  隨著數位科技的持續進步，藝術與數位科技的結合將繼續深化。這不僅將改變藝術作品的創作和鑑賞方式，也將影響藝術市場的運作方式。

總體而言，數位科技不僅為當代藝術提供了新的創作工具和平台，還激發了藝術領域的創新思維。在這個過程中，藝術家、教育機構和文化機構需要不斷適應並運用新的數位科技，以豐富藝術的表達形式並拓展其影響力。

數位成為藝術創作的助力
台新銀行文化藝術基金會

05 綜合型企業

〉以具體目標、健康生態圈創造成長　佳世達集團

以具體目標、健康生態圈 創造成長

—— 佳世達集團 ——

　　佳世達集團顯示器出貨量位居全球第二，代工品質全球有目共睹。集團內在經歷代工和品牌明基BenQ拆分之後，內部重新組織架構，九年內讓營收從千億規模翻倍至超過兩千億，獲利增加了十倍，董事長陳其宏的帶領功不可沒。他以工程師身分加入明基，曾參與各項新產品開發工作，還一路擔任管理要職，目前是佳世達創新轉型的總舵手。佳世達在陳董事長帶領轉型下，透過制定願景、目標到策略規劃、執行，讓佳世達跨足醫療等產業，還打造平台形成超過七十家海內外企業的聯合大艦隊，共創更高的營收獲利的雙贏局面，可謂企業轉型中的知名案例。

集團簡介

　　佳世達成立於一九八四年，以液晶顯示器和投影機的設計製造聞名全球。近年因企業轉型，成為橫跨資訊產業、醫療事業、智慧解決方案及網路通訊事業的全球科技集團。其前身為明基電通，二〇〇七年為了將品牌獨立出來經營，於是將佳世達與明基進行拆分，讓佳世達專注在代工，明基專注在品牌經營。

　　二〇一四年集團開始發展高附加價值的事業，於是以聯合艦隊策略，投資集結醫療、智慧解決方案、網路通訊領域的隱形冠軍。醫療領域涵蓋醫療服務、醫療設備、醫用耗材等事業；智慧解決方案則包含智慧製造、企業、零售、校園、醫療、能源等領域，協助客戶進行數位轉型、賦能成長；5G 網通事業則融合有線無線的網路通訊技術，提供客戶全方位的寬頻網路服務。

企業所處產業概況

　　佳世達因前身明基歷經併購西門子失敗而造成集團財務上的負擔，同時企業內部觀察到外部環境代工的毛利較低，例如臺商前往中國投資，在當地培養很多專業人才，使他們的代工擁有很大潛力，這也讓臺灣代工產業競爭越來越激

烈，於是內部開始思考如何轉型。

　　二○一四年陳其宏擔任總經理時，深感佳世達不能只依賴低利代工發展後續，經過重新錨定企業目標、規劃策略和執行後，於是朝向高附加價值事業發展，並設定二○二二年高附加價值的新事業（百分之二十至百分之三十以上的毛利）營收要過半，過程中透過投資各領域的隱形冠軍，最終成功達成目標，在後續努力下也持續朝創造營收、獲利過半的新目標邁進。

企業的願景與藍圖

　　佳世達在二○一四年開始以發展高附加價值事業為轉型目標，並且擬定四個「贏的策略」以對集團上下、內外部進行溝通，強化集團轉型方向。第一個是優化現有事業。第二是布局醫療事業，因為這個領域在未來的發展性高，毛利也高。第三個為AIoT人工智慧物聯網解決方案，將各個場域智慧化，例如智慧醫院、智慧學校或智慧商店。第四個是完善網通基礎建設事業，因為網通事業是基礎建設，為了提供大眾暢通無阻的頻寬服務，於是佳世達逐步發展能覆蓋全球的低軌衛星相關領域產業。到了二○二二年，後三項策略事業營收加起來超過原有的事業營收，成功符合當初集團設定的目標。

策略和執行的心法

佳世達擬定的轉型策略，除了新事業要有高附加價值，也要有未來性，再來就是符合臺灣整體產業的資源配置。陳其宏董事長以醫療領域為例，臺灣醫療有專業人才，同時具有國際高端的水平、加上有全民健保獨步全球，所以這些基礎讓佳世達評估為未來可以發展的領域。雖然佳世達沒有醫事專業人員，成為在企業中發展醫療事業的最大挑戰。但後來佳世達憑藉著轉型的決心和努力，在二〇〇八年於南京開設明基醫院，接著又在二〇一三年在蘇州開設第二間醫院，成功跨足醫療領域。

而佳世達在轉型過程中，不斷開疆闢土的關鍵，在於有策略地合併與收購，也就是找來四個「贏的策略」的隱形冠軍，共有超過七十多個海內外企業結合成聯合大艦隊的平台，讓彼此的資源可以共享整合。陳其宏董事長認為，當這些企業夥伴能在平台內看到發展優勢，就會創造出更多機會一起共好，同時他們也可以自己發展為中型艦隊、小型艦隊持續擴展。轉型過程中，早期企業加入的腳步較慢，但從二〇一八年開始的往後五年其他企業紛紛加入，營收快速地增加超過一千億。加上優化現有集團事業，後來在二〇二二年也順利達到高附加價值營收過半的目標。

接下來，佳世達放眼未來並設定二〇二七年高附加價值的事業獲利要過半，當中的挑戰是稅後淨獲利需過半。面對這樣的目標，佳世達期許進入集團大艦隊的企業營收需快速成長，並且要以一年營收和獲利成長百分之四十為目標。因為當大艦隊成員可以互相支持，就能一起發生綜效，當營收變大，集團資源平台可以支持大艦隊夥伴資源共享，不重複投資，如此一來大家的獲利就會變多。另外在收購價格分攤上，佳世達也設定在五年左右，期許讓下個階段的目標能順利達成。

企業夥伴的選擇心法

為了快速達到轉型目標，佳世達在企業夥伴的選擇上精準設定在醫療、AIoT和網通這三大方向。另外，是企業必須符合高附加價值產業的標準，其中營收和獲利都需要有的漂亮成績。最後是該企業要符合財務指標、不能虧錢，財務報表的銀行金融負債比不能太高。對陳其宏董事長而言，過去明基歷經西門子事件的失敗，成了他們往後發展的經驗基石，集團轉型時需要精準評估內部花費，不只需要達到短期內的目標，也要有營收和獲利才能具備發展底蘊，與集團一起擴展。

帶領員工轉型發展的心法

　　佳世達在設定轉型目標後，如何帶領員工向前邁進成為轉型過程中的重要環節。陳其宏董事長分享，首先要凝聚共識，設定明確的願景、目標、行動計畫，聯合大艦隊也有自己一套使用的方針，這些設定的內容邏輯要非常具體、清楚，才能對上對下、對內對外溝通，讓大家知道目標要把他們帶到什麼方向。第二個是要傳達為何要做出改變，尤其闡明集團發展中出現的危機，這樣大家就可以知道如何轉變、為何而戰。第三個是高階主管要以身作則，陳董事長以自己為例，轉型前期他會親自去談案子、親自帶人，最後達到每年成長百分之四十的目標。第四個是製作SOP，讓聯合大艦隊也可以有心法可以遵循，其中陳董事長最重視投後管理，因為綜效的成果會在此顯現。當SOP鉅細靡遺，就能說服還未加入聯合大艦隊的企業可以執行。

轉型過程中遇到的困難

　　轉型經歷了十個年頭，陳其宏董事長回顧這一路，認為碰到最大的困難是人。由於邀請進來的大艦隊夥伴背景不同、產業也不同，做事的方式也就有差別，在異業合作的狀況下，就需要有耐心地去溝通。他以自身為例，夥伴剛進

來，每個人都有自己的做事方法，而他最主要的工作就是進行組織間的溝通、整合和分配資源。同時他也是 HR 的最高主管，對他而言，轉型的大架構已經建置完成，剩下的就是建立人跟人之間的信任感，這樣發展過程中大家才能敞開心胸，合作無間。

職涯中管理自己的心法

從擔任工程師到主管，甚至到公司的董事長，陳其宏董事長認為工作應從 working hard 變成 working smart，尤其經歷新冠疫情公司員工曾經居家工作三個月，證明大環境不斷改變，更需要聰明、彈性的應對。除此之外，過去工作時間總是超過十五個小時的他，曾因為生病而領悟健康的重要，於是後來陳董事長開始改變管理方式，鼓勵員工五點下班，希望員工也能照顧好個人健康，在家庭生活與工作之間保持平衡。

觀點與啟發

- **明確的轉型規劃和目標設定**

  佳世達透過明確的策略規劃和目標設定，成功地從低利代工業轉型為涉足高附加價值產業的集團。在他的

領導下佳世達轉型朝高附加價值事業邁進，並設定其高附加價值事業營收要過半，已於二○二二年達成目標，正朝二○二七年高附加價值事業獲利要過半的目標邁進。這顯示了在企業轉型過程中，清晰的願景和實際可執行的目標是成功的關鍵因素。

- **從內部到外部的資源整合**

  佳世達集團轉型的過程借鑑過去失敗的經驗，掌握集團的優勢，清楚訂出轉型的目標、策略和執行方式，尤其在尋找未來方向的部分，以學理上的「資源基礎理論」進行評估，在當中看見自己擁有的資源與能力、未來市場的需求和環境可以配合的部分，擬定可行的策略，作為行動的基礎，也凝聚集團成員上下的共識。除了將內部資源進行有效整合的同時，也著手於外部投資，例如醫療、AIoT、和網通領域，這不僅擴展了業務範疇，也增加了收益來源，顯示了資源整合在企業轉型中的重要性。

- **領導與團隊的重要性**

  陳其宏董事長的領導扮演了關鍵角色，他的經驗、願景和決心推動了整個轉型過程。此外，他對於建立員工間的信任和團隊合作的重視，凸顯了在大型企業轉

型中，領導和團隊合作的重要性。

- **憑藉對市場趨勢的敏感度籌組聯合艦隊**

  佳世達對市場長期趨勢的精準把握，使其能夠在適當的時機進行轉型，並持續對新興領域和策略夥伴進行投資。佳世達全力打造平台，形成海內外企業的聯合大艦隊，投資集結醫療、智慧解決方案、網路通訊領域的隱形冠軍，期許共享資源，共創更高的營收、獲利等雙贏局面。在艦隊夥伴選擇方面，佳世達精確選擇了在醫療、AIoT 和網通領域符合高附加價值標準的企業夥伴。這些夥伴具備出色的營收和獲利表現，以及符合財務指標。未來這些企業也可發展成小艦隊，組成健康的生態系。

- **培養適應力和持續學習**

  佳世達集團在轉型過程中，展現了高度的適應力和持續學習的精神。從工程師到董事長的職涯路徑，陳其宏董事長的經歷鼓勵管理者和員工持續學習、適應變化，並擁抱新觀念。

　　總結而言，佳世達集團的案例是企業轉型和管理卓越的典範，展現如何透過策略性規劃、清楚的目標、領導力、團隊合作以及對市場趨勢的敏感反應，來應對快速變化的商業環境。

以具體目標、健康生態圈創造成長
佳世達集團

PART 2
政策資源篇

共創全民同享、全球運籌的
永續數位臺灣

—— 前行政院政務委員 郭耀煌 ——

　　全球網路發展已形成環環相扣的鏈結，其創意潛力、多元應用也造就產業的蓬勃發展。在資訊上，則因為真實難辨或個資問題而出現認知作戰、法規調整等議題。曾協助行政院籌備數位發展部的前行政院政務委員郭耀煌，在臺灣數位發展的方向上也提出新五需，即資通安全、資料治理、跨域人才、創新環境及全球運籌，同時期許全民在瞭解政府對數位發展的實際作為外，也能享有數位紅利，讓數位生活與實際社會結合，進一步感受繁榮安定的永續發展。郭耀煌目前為成功大學資訊工程學系特聘教授，過去曾任行政院政務委員、中華民國人工智慧學會理事長、教育部電子計算機中心主任祕書等，透過他的分享，讓我們一起更深入瞭解全球乃至臺灣的數位發展概況和政府推動數位轉型的理念。

全球目前數位轉型的狀況

在談到臺灣的數位轉型前，必須先從全球的數位發展主軸來觀察大環境帶來的變化：

第一，全球已從現實世界進入網際空間，人們的生活與虛擬世界融合後，形成「兩棲」的生活型態，也為現實社會帶來很多新的應用方式和議題，例如Metaverse元宇宙帶來的創意經濟。

第二，數據為王的趨勢下，出現與過去不同的資訊革命，例如共創現象，像是Facebook內容是由網民創造分享、AI帶來各方面應用；另外也有其他新的資訊革命型態出現。

第三，形成新的網路公民社會，去中心化的文化改變過去菁英領袖主導的現象，而且參與人數的擴大，同溫層現象更明顯。

第四，產生新的生存競爭，從產業到國家都有此現象。因此要擁有自己的數位DNA、增加競爭力。另外，跨域發展也讓原本固守領域的企業受到威脅。其他還有平台經濟的出現，雲端服務的生態圈影響企業的組織效率與競爭力，但也出現先驅者獨占的現象。

第五，形成虛實難辨的體驗，使用者在虛擬世界和真實世界的認知和感覺越來越沒有界線，因此像資訊上的認知作戰等議題也會出現。

臺灣產業在數位轉型行動上的挑戰

從全球主流看回臺灣的數位轉型，可以發現幾個現象：

第一，臺灣硬體製造業晶片獨強。二、三十年來，每五年臺灣數位產業的GDP平均成長率在硬體製造業部分一直上升，但到了二〇〇〇年後卻開始下降。目前的數位經濟是資料經濟和平台經濟，核心在於軟體服務，但臺灣的軟體和服務業還沒有掌握到關鍵核心，因此會面臨到很大的挑戰。

第二，跨域數位轉型仍然不足。臺灣資通訊產業很強，但產業間發展不夠平衡，其他傳統產業或小型企業轉型步調不夠快速，軟體和服務業的轉型就會變慢。

第三，數位發展出現浮萍現象。臺灣雖然資通訊產業很強，但仍沒有領先世界，所以容易跟隨國外流行趨勢進行發展，長時間下來無法在科技方面累積自己的先進地位，競爭優勢也不容易掌握。

第四，欠缺數位轉型的知識。臺灣重視技術發展，但缺

乏數位發展的軟體、服務、行銷、創意發想和財務面等知識，所以企業認同應該要進行數位轉型，卻常常不知道如何著手。

在政府方面，首先需要推動數位治理，尤其臺灣在政府服務和政府行政部門運作的效率方面，已在網路化和數位化取得不錯的成績，接下來則需要再啟動智慧化服務和群眾式的決策。

第二是建立數位韌性，俄烏戰爭和新冠疫情衍生出數位韌性的議題，另外也要掌握數位基礎建設、平台和內容。

第三是鞏固數位主權、開拓數位疆域。例如歐盟訂定了一般資料保護規則（GDPR），最近又訂定數位市場法和數位服務法，都在強調歐盟本身的數位主權，避免本地資料讓跨國平台掌握。另外，數位疆域讓全世界都可以在他國登記成立數位公司，成為他國的數位公民，這樣就延伸了國家影響力。

第四，治安和個資保護問題也必須要處理。

在社會方面，首先是透過數位跟網路落實普世的民主自由。第二是數位人權，也就是數位包容、數位共融，讓每個

人都能擁有數位紅利，而不是少數企業享受數位紅利。第三是平台強權的跨國殖民現象，例如Facebook有權任意刪除特定的貼文內容等，臺灣也應該思考這類現象的應對方式。

臺灣的數位發展以正向的方式邁進，在網路民主的推波助瀾下形塑出充沛活力，在這樣的趨勢中，同時也產生了因認知作戰而資訊偏頗的問題。此外，臺灣的年輕世代在國際參與能力上逐步提升，然而面對臺灣特殊的國際政治地位，在數位轉型中也需要思考如何開拓國際影響力。

政府推動數位轉型的理念與政策

郭耀煌認為臺灣數位轉型需要有基本的定位和理念：

第一，數位轉型的組織或機構智慧化是持續的歷程。數位轉型不是一時性的投資，要展現群體意志和智慧，不單純是技術和買設備的問題。

第二，需有數位多樣性。這要談到數位轉型和數位包容，當擁有數位多樣性就可以激發數位創新，尊重多樣性才能衍生獨特性。例如以New eID晶片身分證來說，這是一個很好的構想，也是政府便民的做法。然而有些人可以放心地用晶片卡，有些人則比較注重隱私，使用這種卡片就會有顧

慮。所以提供數位服務時要包容不同使用習慣和不同價值觀的人，才可以讓轉型擴大參與。

第三，數位轉型不單純是為了追求流行。企業的數位轉型應該要建立自己的DNA，找到自己的特色與數位生存之道進而深耕。

第四，數位轉型要有永續思維。這樣的思維不僅是企業的永續、人類的永續，也是地球的永續。

郭耀煌政委也提出數位發展要滿足「新五需」：第一，資訊安全。第二，資料治理，包含個資保護。第三，創新環境。第四，跨域人才，即除了技術人才，尤其要鼓勵新創，讓平台可以跨境經營，接著就要有全球運籌的人才，還要有行銷人才和國際談判的人才。第五，全球運籌，臺灣製造業在全球發展上有不錯成績，但軟體發展在服務業或政府方面，需要更多懂法律、懂談判、懂全球運籌的人才加入。

此外，臺灣數位發展要能促進「數位永續」，這方面有六個方針：

第一，保障國民的數位人權。要促進數位民主的信任度和穩定度，讓無論是什麼身分的國民，終身都可以學習到最

新的數位技能和認知，例如讓每位國民都有權利可以自由使用網路上的資料，而不是被限制。另外，地域之間形成的數位建設落差也應該要平衡，不能集中在大都市。

第二，維護數位多樣性。數位文明要永續就要有多樣性，像是人才多樣性、意見多樣性，還有開發不同的使用行為或消費習慣；另外，要建設智慧城市，需要融入地理和文化特性；產業方面，應打破資通訊製造業獨強，讓每個產業能充分進行數位轉型而進入數位經濟的範疇。

第三，提升臺灣數位人力資本和改善體制的能力。人才不足是產業最大的問題，所以培養人才須從不同科系培養學生的數位發展潛力，讓這樣的人才有專業知識又有數位技能，且在每個行業間成為數位轉型的中堅人才。另外，產業結構也要平衡，當促成產業數位轉型，工作環境變好，進入數位經濟之後獲利變多，人才流動也會比較順暢。在全球運籌上，也要自己培養國際人才或跨境全球人才。

第四，建立數位基礎建設。有穩定的數位建設，就能發展數位韌性，當自然災變或戰爭、病毒襲來，擁有良好的數位基礎建設就可以在環境變化時維繫運作。

第五，打造安康共榮的數位社會。能讓越多人共享數位

紅利越好。

第六，積極參與數位合作。臺灣是海洋國家，透過與其他國家、社會之間的數位合作，可以把臺灣核心價值和特色經由網路平台、網路互補與全球參與發揚出去。

臺灣想打造「數位文明」，成為新的數位福爾摩沙，這樣的數位家園共有三個主軸：第一個是數位創新，第二個是安全，第三個是永續。從數位永續為核心打造韌性國家、智慧矽島、數位政府和共融的網路社會。

打造有「數位韌性」的國家有三個目標：第一，保障國民安心使用數位服務。第二，保障民間政府和民間服務持續運作。第三，保護民間服務和數位資產。

創造「智慧矽島」則須從促進「數位經濟」發展來看：應讓臺灣的軟體業和數位服務業國際化和規模化。整合軟硬體，達到國際信賴的資安品質。再來是綠色永續，資通訊產業也要對淨零碳排有貢獻。促成全產業的數位轉型，絕對不是只有資通訊業獨強而已。

在「數位政府」方面，第一個要提升的是公共治理的效能，尤其是數位治理要回到以民為本，也要讓公部門的創新文化進一步普及。第二個要改善國民的生活品質，建設國民

可以安居樂業的優質生活空間。共融的網路社會方面，臺灣就要彰顯數位文明的價值，還有網路文化的民主自律。因為網路文化不該是政府規範，還需要民主自律。最後政府推動數位發展，要讓民間活力可以提升並進入全球參與。

在落實目標和願景時，第一，政府要有雙螺旋的發展政策，讓數位轉型和綠色永續同步發展。當數位產業本身能有綠色永續，數位服務也可以幫助各個產業達到綠色永續。第二，數位轉型與創新經濟應該跟智慧生活同步發展。因為經濟發展不是只是使少數人賺錢而已，經濟發展要同步讓國民的生活品質可以跟著提高。第三，數位轉型和社會革新要並進，因為新的數位文明空間形成，像元宇宙也會產生社會問題。第四，深耕臺灣、拓展全球，尤其發展平台服務和資料經濟，需要走向全球促進合作。

觀點與啟發

- 全球數位趨勢正衝擊著國家與產業發展，這包括：人類生活已進入「兩棲」模式，融合虛擬世界，如元宇宙帶來的創意經濟；數據主導資訊革命，包括共創現象，如Facebook和AI應用；新的網路公民社會出

現，去中心化文化改變了傳統的領導模式；新的生存競爭形式，包括跨域發展和平台經濟的崛起；虛擬與現實世界間的界線模糊，帶來資訊認知作戰等新議題。

- 臺灣在數位轉型上所面臨的挑戰包括：臺灣硬體製造業強勁，但軟體和服務業相對薄弱；跨域數位轉型不足，尤其在非資通訊產業和小型企業中；數位發展呈現浮萍現象，缺乏領先全球的科技優勢；缺乏數位轉型的全面知識，包括軟體、服務、行銷等領域。

- 在上述的全球趨勢與內部挑戰下，政府應該扮演的角色與政策，包括推動數位治理，建立數位韌性，並鞏固數位主權；處理治安和個資保護問題，並透過數位手段促進民主自由；強調數位轉型的持續性、多樣性、永續性和創新性；並且需要「新五需」：資訊安全、資料治理、創新環境、跨域人才、全球運籌。

- 在社會層面，政府也應該致力於透過數位和網路實現普世民主自由；關注數位人權，包括數位包容和共融；應積極面對平台強權和跨國殖民現象，如Facebook的內容管理。

- 期許臺灣數位發展發展的願景和目標：促進數位永續，包括保障數位人權、維護數位多樣性、提升數位人力資本；建立數位基礎建設，打造安康共榮的數位社會，並積極參與數位合作；發展韌性國家、智慧矽島、數位政府和共融的網路社會。同時推動數位轉型與綠色永續的雙螺旋發展策略。

共創全民同享、全球運籌的永續數位臺灣
前行政院政務委員　郭耀煌

提供應用工具和聯盟媒合
創造企業成長

—— 經濟部中小及新創企業署 何晉滄署長 ——

　　全球環境快速變化，加上中美科技戰和先前新冠疫情衝擊，讓中小企業面臨很大的挑戰，各產業也不斷思考如何因應突如其來的變動。經濟部中小及新創企業署（改制前名稱是經濟部中小企業處）為因應這些變化，早已提供相關的計畫和輔導措施，幫助中小微企業進行數位轉型，例如新冠疫情期間曾教育很多公司使用電商平台，面對規模較大的製造業和服務業前進海外，更鼓勵數位轉型和媒合聯盟，幫助他們進行數據管理和產品推廣。有關政府協助中小微企業的相關政策，「大師543」邀請曾任南科副局長的中小及新創企業署署長何晉滄，分享目前臺灣中小微企業數位轉型狀況和相關政府資源如何運用。

臺灣中小企業目前數位轉型的狀況

目前臺灣中小微企業超過一百六十萬家，整體的特色為有彈性、接受新觀念的速度很快。尤其在新冠疫情爆發時，過去看不到危機的企業開始出現警覺，於是快速積極面對數位轉型的課題，例如服務業和商業受創嚴重，他們意識到靠實體店鋪生存會碰到很大的瓶頸，於是當時便刻不容緩地改為外送，在電商平台上販賣產品，如此已經邁向數位轉型的第一步。

其他像是規模較大或是國際企業的製造業，數位轉型更是勢在必行，隨著國際供應鏈的移動，大家開始注意到 AI、IoT 物聯網、大數據等數位化工具可以改良研發生產的製程和產品品質，另外因應客戶需求和時代演進，也加快企業應用數位工具。

臺灣中小企業在數位轉型上的挑戰

很多製造業在生產過程中會出現不連續的狀況，像是很多工作站是獨立的，當半成品要移到下個工作站就會有製程上不連續的問題。因為兩個工作站之間使用不同工具，無法連續蒐集製程產生的數據，所以讓產品管理出現很大問題。但是臺灣製造業開始興起用 AI 人工智慧與 IoT 物聯網結合的

AIoT把工作站連結在一起，就會讓製程和工廠管理的效率提升。

除了朝向智慧化生產和製造，更重要的是**數據**管理，例如對工作環境的溫濕度控管、生產過程中的良率掌握，都可以透過不同的數位工具連結起來，方便進一步蒐集數據、進行控管，這是朝向智能化管理邁進很重要的數位應用。尤其未來5G和AIoT的應用會更廣泛，也會催化數據收集的便利性，讓製程的研發和改良更便利。

政府推動數位轉型的理念與政策

政府針對不同產業，一直有提供不同輔導措施和補助資源，經濟部中小及新創企業署就有針對小微企業開設許多課程與演練，包括如何將產品上架在電商平台、如何在平台上搭配照片與文案、如何販售商品與客戶溝通，另外還有應用直播、社群媒體行銷企業產品。

除了教育訓練，也教企業到實際平台演練，在新冠疫情嚴峻之時，協助業者穩住營運。而考量中小企業族群多元且數量龐大，也提供「臺灣雲市集 TCloud」平台可以採購雲端數位工具，期待能夠幫助企業一起更順利地邁向數位轉型之路。目前平台上有數百個軟體，包含雲端工具、電子支付

推薦、ERP、CRM、POS整合及遠距辦公系統等等，會照中小企業需要的功能包含內部管理、客戶關係的管理、開店的軟體、行動支付的軟體去分類，而且從採購、簽合約到付款都是在電商平台完成，提供企業便利的取得管道。

製造業部分，經濟部中小及新創企業署也規劃了「小型企業創新研發計畫」（Small Business Innovation Research, SBIR）的補助，與過去不同的是，以往主要以產業別劃分，未來會針對數位轉型、淨零碳排等跨領域議題進行補助資源調整，另外經濟部產業署的「工業館」平台，也有提供相關工具及補助，企業可以多多利用這些資源。

至於以跨境電商為主的企業，經濟部中小及新創企業署配合新南向政策，也會協助媒合企業組成聯盟，例如馬來西亞市場，就有廠商把會議室設備如麥克風、音響、喇叭整合起來，他們就形成一個聯盟可以集體行銷。當臺灣企業到馬來西亞的電商平台上，政府會協助企業跟當地廠商合作、分析馬來西亞用怎樣的平台或網紅幫他推銷產品，因此數位化時代廠商不用出國，就可以把產品推向新南向國家平台銷售。

協助中小企業發展

何晉滄博士上任時，曾說過要協助中小企業邁向「幸福、永續跟大成長」的目標，對他而言，「幸福」是針對以內需服務為主的小微企業，讓他們從供應端提供好的產品、好的服務，像這幾年的地方創生，就是在談如何讓在地化服務做得好、讓青年返鄉就業，甚至很多移居的年輕人、新住民到中南部開個小店，就能用他最擅長的方式提供消費者最好的服務，使大家安居樂業。

另外是「永續」的目標，因為臺灣是出口導向的國家，出口要符合歐盟淨零碳排等環保議題，也要朝聯合國制定的17項發展目標（SDGs）努力，不管是生產者還是消費者在這方面都需要負起責任。而「大成長」的部分，是臺灣這幾年經濟成長的成績有目共睹，已經很清楚如何抓住國際的需求，也能夠盡可能邁向永續。像是疫情來臨時，企業便知道防疫需要什麼設備和產品，於是就抓住了很好的機會，未來加上數位轉型和淨零碳排，臺灣很多企業也會在國際供應鏈上有很好成績。

觀點與啟發

- 臺灣有許多中小微企業在新冠疫情期間認知環境變化的衝擊,積極迅速適應,採取數位轉型的行動,特別是服務業和商業,轉向外送服務和電商銷售,以應對實體店鋪的限制。

- 臺灣製造業面臨生產過程中不連續性的問題,但透過結合AI和IoT的AIoT工具,提高了製程和工廠管理的效率。此外,數據管理和智慧化生產也成為重要的數位應用領域。

- 為協助中小企業轉型升級,政府提供了教育訓練、補助資源和平台支持「臺灣雲市集TCloud」和「小型企業創新研發計畫」(SBIR),以及支持跨境電商和新南向市場的發展等措施與行動,幫助產業進行數位轉型。

- 數位轉型牽涉的領域甚廣,不僅限於技術層面,還涉及客戶需求、產品品質、國際供應鏈的變化,以及對環保和永續發展的考慮,產業在進行數位轉型時需有全面的觀照。

- 中小及新創企業署發展的綜合目標在於協助中小企業實現「幸福、永續和大成長」的目標，這包括提升內需服務品質、產品符合國際環保標準，以及抓住國際市場的商機，廠商可以積極與政府，同業及異業合作，透過數位轉型及碳排淨零的努力，共創產業的榮景。

提供應用工具和聯盟媒合創造企業成長
經濟部中小及新創企業署　何晉滄署長

打造超前部署和鼓勵新創的環境

—— 經濟部技術司 邱求慧司長 ——

　　經濟部技術司的使命是幫助產業轉型，過程中提供產業和新創業者法人的研發技術和 spinoff，期待能催生有潛力的新興產業。目前政府也持續改善產業環境，讓更多年輕人和新創有更好的機會可以發揮。透過經濟部技術司司長邱求慧博士的分享，讓大眾更認識經濟部如何透過科技研發協助產業創新轉型。邱司長曾擔任經濟部工業局永續發展組組長、產業政策組組長、金屬機電組組長、電子資訊組副組長，歷練過多樣化的產業，後來被延攬至科技部產學及園區業務司擔任司長，專門做產學合作，讓學術界和產業界的發展可以發揮最大價值。在經濟部服務超過三十年的他，也以歷來經驗分享對臺灣產業數位轉型的看法。

臺灣產業目前的狀況

　　臺灣在三十至四十年前因為政府的協助，催生享譽國際的半導體產業，至今經濟部仍持續協助推動國內產業的技術研發，幫助產業提高競爭力及轉型。其中協助產業轉型分三個部分：第一個是法人科專，此部分協助研究型法人，像工研院、資策會、金屬工業研究發展中心、生技中心等，過程中透過法人研發的技術移轉產業及 spinoff，促成產業的升級轉型。第二是業界科專，由於業界在積極推動新的科技研發中可能會碰到一些挑戰，經濟部為了鼓勵他們積極推動新的科技研發，於是提供 A+計畫的經費補助，也就是提供整個計畫最高一半的補助，目的是降低企業界研發的成本和風險，期許業者大膽嘗試前瞻技術發展。第三是在學術界部分，經濟部鼓勵研究不要只侷限於發表論文，而是將學術的成果應用於產業發展，像是創業或商品化，所以也有提供創業和研發補助的學界科專相關計畫。

　　由於臺灣產業界研發能量很強，很多研發能量甚至超過研究型法人如工研院和資策會，因此這些單位後來部分能量轉型做支援系統，幫企業界研發的東西做局部改良。就邱求慧司長的觀察，臺灣這幾十年來過於依賴某些發展很好的產業，如資訊電子產業，導致臺灣沒有新的、具競爭力的產業

出現，當中法人的研發方向，也間接導致了這種結果。

　　邱司長以三、四十年前的半導體法人科專為例，其為由政府科專投資在法人裡面建立能量、國際技術的移轉，然後分拆出去，後來才有半導體相關聚落。然而半導體發展很成功，卻導致這二、三十年間沒有再發生半導體奇蹟，於是經濟部從當初擔任協助他們的主要角色，變成配角幫助他們發展。未來期許法人能夠回到初心，協助產業創新轉型，並且發展有潛力的新興產業，這樣便能平衡臺灣集中發展某些產業的現象，而有多面向擴展的結構。

臺灣產業結構在轉型上的挑戰

　　臺灣過去集中協助某些產業發展，所以二十幾年來沒有比較新的產業出現，在這樣的狀況下，年輕人也比較沒有創新的機會。因此如何打造一個可以培養年輕人瞭解市場需求和新機會的環境，讓他們知道未來有哪些科技可以投入，非常重要。而對法人來講，要創造好的環境也要有鼓勵和誘因，這樣他們才會勇於用破壞式創新的作法去發展更具未來性的想法。

　　邱求慧觀察，現在法人大部分都在做技術移轉的工作，也就是協助廠商去做改善的工作，但要要求他們去做有挑戰

性的題目，環境卻不容許他們失敗，所以現在就是要創造出一個在機制和文化面可以容許失敗的環境，讓他們有更多底氣可以去開創。

　　邱司長以矽谷為例，這個地方是可以容許失敗的環境，他們不斷從失敗裡淬鍊成功，有雅量去接受失敗，所以可以有更多可能去改變環境。另一個層面是臺灣法人很優秀，但機制和政府法規會限制他們，所以仍需要去檢視是否有改善空間，去優化科學技術研究的法規，提供法人更好的誘因，讓他們勇敢做有風險的創意和科技。

政府推動產業轉型升級的理念與政策

　　目前科學技術研究的法規是二十年前制定的，當中有很重要的精神是把科學技術研究的成果下放給執行研發機構。政府這樣的立意是為了要廣泛普及大眾，一方面是防弊，一方面希望能夠讓廠商都可以技轉而獲得政府的好處。但二十年過去，有些法規已不適用於現在，例如新創公司拿到非專屬的授權，也讓很多廠商拿到類似技術，該新創公司就會面臨很多的競爭、以致沒有募資條件，容易失敗。因此邱司長認為現在的兩條路線：一個是技轉，一個是新創。當政府將技轉科學技術研究成果給大家目的是容易普及，但若單獨給

一家分拆出去，建議就要讓他擁有專屬授權的權力。當他得到政府的專屬授權，就會有比較好的募資條件可以發展，而從營收稅收創造出來的效益，會比普及技轉給多家廠商來得更大。

其他像是鼓勵新創發展，政府也要提供相當的誘因。例如政府下放給研究機構的研發成果所換得的技術股，可以分配出去給新創公司，因為新創要擁有很多技能，如募資、簡報、商業模式、商業法規和法務。法人也成立創業家學校，可以訓練他們的觀念和技能，引進更多客戶和創投跟他們互動。政府找到更多業師、創投和國際的人才、單位跟他們對接，就可以讓新創企業或公司找到更好發展的方向。

經濟部技術司推動產業轉型的行動計畫

現在產業發展變化很快，科專的制度也要檢討和優化，讓新創的企業願意進入政府補助的體系。例如改善二、三十年前政府用防弊心態管理補助款，讓新創企業不用再面對政府繁瑣的管考，也願意接觸政府補助的系統，這樣就容易推動新產業的發展。如果在業科的審查和管考能夠優化，就能滿足企業界快速創新的腳步。另外管考除了找教授，也找有市場經驗的人進來委員圈，就能讓機制更健全、也更公平。

觀點與啟發

- 臺灣的半導體產業在三十至四十年前因政府協助而崛起，現在經濟部仍持續協助產業技術研發，以提高產業競爭力和轉型升級，目前分為法人科專、業界科專和學術界三大項目，產業與學術界可以按照需求，單獨或結合提出申請計畫，共同為提升臺灣產業競爭力而努力。

- 臺灣長期依賴某些成功產業，如半導體及資訊電子產業，導致缺乏具世界市場競爭力的新興產業出現，需要改變這種現象，讓產業發展更健康，也讓年輕人有更多創新的機會。法人可以協助產業創造環境，尤其需要在法規、文化、機制方面進行調整。

- 法人過去在產業發展上扮演主導和開創的角色，例如護國神山台積電就是法人spinoff的成績。但因為產業目前在發展上已非吳下阿蒙，發展的重心就轉向做補短板的工作，如何回到初衷，為臺灣創造出新的產業，對於臺灣產業健康發展非常關鍵。

- 創造容許失敗的環境對於鼓勵創新和科技發展至關重要，政府需要重新檢討和優化科學技術研究的法規，

以適應現代化市場競爭的需求，提供更好的誘因和支持，讓研發法人及新創企業有更多勇氣嘗試風險性創新。

打造超前部署和鼓勵新創的環境
經濟部技術司　邱求慧司長

賦予產業韌性、整合、培育和賦能

── 數位發展部數位產業署　呂正華署長 ──

　　數位發展部（以下簡稱數位部）的成立，為蔡英文總統在二〇一六年所提的其中一項政策。此部會隸屬於行政院，為整併行政院資安處等相關機構後，在二〇二二年掛牌開張，負責推動數位科技應用、數位經濟產業發展方面的政策。其中的數位產業署在署長呂正華帶領下，秉持數位部政策方向協助各行業數位轉型，透過他的分享，也讓更多人認識政府推動數位轉型的方針與實際作為。

臺灣產業目前數位轉型的狀況

　　二十幾年前，國內產、官、學、研等陸續建議臺灣要推動數位發展，在蔡英文總統第一任期時，便認為要將數位發展視為國家未來重要的課題。二〇二一年立法院通過了《數

位發展部組織條例》，隔年成立數位部，也在其下設立「數位產業署」和「資通安全署」，於是在社會高度期待下持續推動各行各業數位轉型，例如紡織、食品、扣件、工具機等等，讓產業導入更多數位工具往智慧製造的方向前進。

另外，像是臺灣已有傲人的產業如台積電，本身為高度數位化的公司，就是透過數據分析讓產品良率有效提升，同時也可以把過去的經驗累積下來。這樣的模式，目前也積極運用在紡織業、醫療業等領域，能協助實際節省人力、物力和成本。

除了產業面，智慧型手機帶來的數位化生活，也從食、衣、住、行、育、樂等各方面影響大眾生活，因此數位轉型可謂勢在必行。臺灣在網際網路發展大概三十年後，或是網路泡沫化之後的二十二年才成立數位部，可能有些人覺得起步太晚，但呂正華署長認為，成立得早不如成立時做得好，若能借力使力，對產業發展一定有很大的助益，也讓產業更有競爭力。

臺灣產業在數位轉型行動上的挑戰

在推動數位化的過程中可能會遇到一些問題，例如Uber剛進來臺灣的時候，很多計程車業者抗議權利受損，

這時政府監理單位就要出來協調。如今數位部成立，未來如果有類似的情況，數位部就可以扮演協調整合的角色，亦即協助業者跟其他部會協調，催生新科技讓大家的生活更加便利。

除此之外，金融管理上有金控法、金管的法規，監理部分就會回到金管會，但它所需的金融科技的運用，公協會、金融業者就需要找數位部討論，促進金融科技的發展。所以數位轉型不限於一個行業，而是讓各行各業可以普遍使用，使數位工具的應用更為容易。

數位產業署推動數位轉型的行動計畫

數位產業署的中心政策叫「RISE」，是「旭昇計畫」的源起。

R是Resilience（韌性），因為疫情這段期間供應鏈和產業鏈的韌性，呈現臺灣在應變上的優異性，也讓數位能力提升明顯可期，包含數位人才訓練、數位產業鏈導入，同時造就有韌性的數位社會。

I是Integration（整合），現在的環境中，單一項目無法發揮效果，包括產業署的一部分業務也是來自於經濟部產業署、中小及新創企業署、商業發展署和技術司，這些單位過

去在經濟部體系下，因為分工而去做研發、產業輔導或提供產業轉型協助，現在整合的任務歸到產業署，就可以在整個數位部裡發揮新綜效。

S是Security（安全），這幾年大家很重視資安，所以資安產業化、產業資安化便屬於產業署推動的內容。

E是Empowerment（賦權），讓數位加入後賦能，提升各行各業的競爭力。

RISE政策在協助產業數位轉型上，會提供促進數位投資、培養數位人才和建立生態系。若是不容易找到數位人才或訓練人才，數位產業署有人才培育計畫，內容包含請企業出題，人才解題，一邊解題一邊訓練人員。這種以戰代訓的模式可以培養人員能力，務實地解決企業的問題。其他像是導入AI部分，若企業要學程式語言Python、演算法，但應用不足，就透過產業署裡以企業出題、再解題的模式，培養企業發揮更多創意。

另外，還要做資通訊導入，即透過公協會，像中華民國資訊軟體協會等跨部會合作，一起解決產業導入的難題。呂署長認為，臺灣已經有韌性很好的供應鏈和產業，如何把數位做得更好，在未來更禁得起如氣候變遷等考驗，就是數位

產業署的發展關鍵，而當數位產業署能協助產業穩健發展，就是國家長期發展的根本。

數位產業署屬於整合產業的單位，過去廠商不知道要找什麼單位協助數位轉型，現在會因為有整合的部會，就能提供更快速的服務。例如法規沒有主管的法令，數位產業署也會透過整合，帶著廠商和公協會的意見去跟主管部會說明、轉譯，進一步釐清能配合的內容。

資安議題的合作和分工

很多關鍵基礎設施像中油、台電的維護等，會由資通安全署協助，他們已把過去的技服中心成立為資安研究院，資安防護便透過它的職權進行。另外，產業在資安防護方面需要本土廠商就近提供人才，或也可以選擇國際防護的解決方案，但臺灣受到資安威脅的可能性高於全世界，尤其面對中國威脅，所以數位部的資通安全署需要化危機為轉機，培養資安的人力和能耐。因此數位部的資通安全署一方面要抵禦駭客入侵，一方面也要培養資安的能力。這方面的人才若對新創、對資安防護有興趣，不一定僅能進入新創公司就職，也可以進入金控公司擔任資安長或各行各業需要的資安人力。

數位與創新導入的賦能

目前數位部推動「臺灣雲市集TCloud」平台,企業可以在這裡採購雲工具,於內部導入POS系統、ERP系統等,這些數位的賦能可以讓各行業,例如在商業、服務業或製造業都有所幫助。對數位產業的輔導補助,數位部目前也有規劃新模式,過去在經濟部會比較著重投資報酬率(Return on Investment, ROI),數位部則關注社會投資報酬率(Social Return on Investment, SROI),當中也透過賦能讓數位弱勢不會被忽略。

蔡英文總統給數位部最大的任務為推動數位轉型,呂署長曾經在Facebook寫下「數位強,臺灣產業才能夠更強」,有一個資安領域的教授便留言,「資安好,臺灣產業才能更好」,綜觀來說,資安可以保大家平安,產業因為數位轉型可以更順、更興旺。

觀點與啟發

- **數位轉型,勢在必行**

  數位轉型不僅影響百工百業,也改變了人們的生活方式,包括飲食、居住、交通、育兒和娛樂等方面。雖

然有人認為數位部成立起步太晚，但成立得早不如成立時做得好，若能借力使力，對產業發展絕對有很大的助益。

- **跨部門協同合作的重要**

  數位部的成立與運作乃期望透過跨部門、跨機關的合作以加速政府部門間的整合與協同作業，提高政策的效率和效果，這對於推動政府與產業的全面性數位轉型至關重要。

- **數位韌性與安全**

  數位產業署強調數位轉型過程中的韌性和安全性，這反映了在面對網絡威脅和數位化挑戰時，確保系統的穩固和安全是首要任務。也凸顯了在數位轉型過程中，建立強健的基礎設施和風險管理機制的重要性。

- **人才培養與促進創新和技術發展**

  培育與數位技術相關的專業技能人才，對於建立一個持續創新和適應數位化需求的工作力量至關重要。而透過提供創新企業和新創業者研發技術支持，數位部的策略是政府在推動技術創新和產業升級中的角色。支持企業在新技術領域的探索和發展，有助於激發更廣泛的經濟成長和產業創新。

- 數位產業署致力於整合產業,提供快速服務,協助企業解決數位轉型中的法規和技術難題,並強調資安合作和培養數位人才的重要性,以促進臺灣的長期發展。數位產業署也提出了「RISE」政策,強調韌性(Resilience)、整合(Integration)、安全(Security)和賦權(Empowerment)的推動政策,以促進數位投資、培養數位人才,建立生態系統,提升競爭力。企業可以思考如何與數位部合作,槓桿政府資源,提升自身的數位能力、韌性與市場競爭力。

賦予產業韌性、整合、培育和賦能
數位發展部數位產業署　呂正華署長

（上）　　　（下）

數位轉型的步驟與挑戰

—— 中華民國資訊軟體協會 沈柏延理事長 ——

　　因應大環境變化、競爭方式快速轉變，中小企業進行數位轉型已是近年趨勢，然而企業要進行轉型前需要注意什麼問題？轉型中要如何整合內部、外部狀態？針對這樣的議題，邀請到中華民國資訊軟體協會沈柏延理事長，他同時現在也是大同公司總經理、大同世界科技董事長，「大師543」請其分享三十多年來輔導企業數位轉型的經驗。當中他提及轉型的流程及組織、資源、績效和系統如何跟上轉型的腳步，最後提出數位轉型所需的四種人才所能提供的助力，讓數位轉型所面臨的挑戰能有更具體的解方。

臺灣產業目前數位轉型的狀況與數位轉型步驟

　　臺灣過去三十幾年來，從大企業到中小企業陸續推動資訊化，因為大家看見數位轉型可以協助公司解決流程上的效

率問題。然而現在全球競爭變化快速，過去企業只要改善效率就能贏得先機，現在的趨勢則是要不斷打造自己的商業模式才能創造成長，而當中需要跟著調整的，除了關注顧客體驗，可能還要跟異業取經等等，這些狀況都不是導入單一系統就可以解決。目前政府推動的數位轉型和企業所執行的數位轉型，可能著重的方法不同、作法也不同，但當中都有重要的面向可以幫助中小企業從各方面整合，讓轉型路上減少更多阻礙。

談到數位轉型，它所面臨的改變已不只是單純資訊化。過去資訊化是解決公司流程的效率，而數位轉型是企業高階主管感覺到外在變化，例如公司的危機或轉機會對企業競爭力造成影響，於是以數位系統進行變革而達成目標的過程。

這個變革的過程並非一朝一夕就能完成，所以當企業要進行數位轉型時便要注意七個要件：第一，察覺環境變化。從當中知道環境的改變，也會讓企業本身有危機意識，可以做為提升企業體質或為未來而準備。一般企業的競爭狀況激烈，需要找到自己在市場中的定位，才能收穫最大商機，所以察覺是必要的第一步，可以讓企業領導者知道下一步怎麼前進。

第二，訂立目標和策略。每個行業有上、中、下游，而

所處的位置不同，需要克服的瓶頸和達成的目標，會需要依不同產業去制訂。

第三，配合新的目標與策略調整組織架構。沈柏延董事長以曾經輔導過的數位轉型個案舉例，一家媒體有紙本和影片需要數位化，還要形塑IP，接著建立生態圈。當中需要將相關的演員、專家在節目上彰顯各別的形象，再將節目IP化形成商品，之後於電商平台上販售才能獲利。然而該公司面對的困難是商品如何數位化後形成一個生態合作圈，讓這個圈裡面的人可以共同推升產品變成利益。沈董事長在這個案例中，看到企業最困難的是數位執行者想要進行改變，但原本的組織會產生抗拒的狀態。如何從整體的角度進行溝通、協調，進行組織的重新調整，非常關鍵。

第四，資源的有效配置。這個部分每個產業會有所不同，需要先確認產品是否需要調整。沈董事長以臺灣過去做毛筆的廠商為例，現在他們轉型為製造專業精緻毛筆，價格因此抬高，便選擇在電商平台販售。經過一段時間後他們發現成長率變弱，於是決定自己做銷售平台。這個案例就是當公司產品改變後，先借重外在的力量販售，最後再以自己的力量販售，最終還是有很好的成績。

第五，人力的重新調整。因為公司內有一部分是原有的

團隊，一部分是數位轉型的團隊。過程中需要看團隊之間的能力是否可以互通、是否願意改變。以上面提到的媒體團隊整合為例，老闆將獎金掛在同一個目標上，所以大家的KPI都會與獎金有關。當大家都有共同目標，就能一起獲得獎金，也能推動大家互相交流、轉型。

至於內部人才的養成，與高階主管是否支持有關。當原本部門跟數位部門有衝突時，高階主管需要居中協調，以利於思考未來如何進行改變。最好的方式是原本的部門要瞭解數位工具怎麼用，數位人才要瞭解原本部門的運作是如何進行的，最後還是要回到顧客層面，思考顧客是哪些人？他們產品的需求在哪？透過AI工具在平台上的推薦，是否能讓他進一步購買？當這些條件都考量過後，數位轉型就能讓顧客有更好體驗，也可以知道公司需要哪些人才。

第六，組織的內化機制。資訊跟數據是數位轉型很重要的兩個元素。資訊是內部人員需觀察的產品資訊及數位化資訊。營運過程中留下的數據，則是制定策略的重要關鍵，因為可以用來觀察顧客行為。另外，遇到瓶頸所留下的數據，也可以作為內部調整的依據。這當中需要能解讀數據的人才，這樣才能判斷如何調整最有效率，並作為內部人力能力提升和分享的管道。

　　資訊和數據的理想運用，可以從顧客外部參與進來的體驗，以及公司內部的瓶頸這兩個方面觀察。從顧客角度，可以觀察他進入官網或平台碰到哪些互動的瓶頸、可以參與多少內容，以及留下什麼資訊。公司內部方面，去找出營運部門有什麼瓶頸，藉此理解公司營運上的困難，例如業務單位拿到單子向內部請購是否有很多瓶頸？業務收款總在小款上收不齊？如果從各環節的困難去討論、調整，就會讓營運更有效率，否則資訊化的結果只是從一個系統跳到另一個系統，中間仍然是人為每天固定處理例行公事，而這些環節其實可以交給資訊化、自動流程或資料整合協助，讓人力可以放到更需要的部分執行、創造更高的效率。

　　第七，外部供應鏈的經營。外部體系的整合和改變是大家越來越重視的，尤其零售店的進貨和出貨，更需要有效率的控管，才能減少各種成本。例如零售業採購很多產品放在倉庫，一旦庫存量到一個低值就會有程序通知廠商，即時地驗收付款，這就是比較有效率的供應鏈。

臺灣產業在數位轉型行動上的挑戰

　　通常企業在數位轉型中會面臨預算的抉擇，沈理事長認為可以依照公司的營業額來決定。若想精準找到轉型的方式，

需在評估預算前能找到自家在數位轉型中碰到的問題，且能尋找相關單位詢問，獲得具體建議。他以自己在資訊軟體協會中碰到的狀況為例，常有加盟、零售和製造業的老闆自己本身是該行業的專家，但在競爭環境中想要數位轉型，卻不知道該選擇什麼方式來執行，這時便出現資訊和資源的落差，所以能尋找診斷各行業數位轉型解方的顧問是有必要的。

另外，跟公司內部效率有關的是，會牽涉到跨部門的整合，這時老闆就扮演協調的關鍵角色。因為老闆本身有權力可以進行調動，否則也可思考賦予高階主管擁有跨部門的指揮權力，透過宣示提高溝通層級，以強化協調效果。

數位轉型需要的四種人才

數位轉型常面臨需要相關人才的重要問題，沈理事長認為其中有四種人才是相當關鍵的：第一，能發揮老闆理念的主管。通常這種主管能將老闆的願景和目標傳遞得很具體、很有方向，這樣才能延伸老闆的理念、繼續領導團隊進行變革。第二，整合流程的人。這樣的人可以整合不同流程，從中得出必要的數據。第三，解讀數據意義的人。獲得數據後，解讀的人能幫助釐清各種層面的現況，幫助制定調整方向。第四，專精資訊技術的人。這樣的人可以協助相關系統的維護和調整。

資訊軟體協會的服務

中華民國資訊軟體協會是臺灣代表軟體產業最大的公共團體，為了產業的發展，協會常就產業政策、健全產業發展、法令的配套內容進行研究與倡議，其中包含呼籲政府成立現在的數位發展部。軟協也致力推動政府採購法中軟體和硬體的合約分立制定，例如軟體計價或軟體採購的驗收，需制定適合軟體的合約，避免將軟體的工程歸入土木工程等。

在企業轉型推動方面，希望能讓更多中小企業順利地數位轉型，尤其針對中小型企業在資訊理解上的落差，軟協會透過各種政策方案、顧問輔導及教育訓練，以協助中小企業順利轉型。

觀點與啟發

● 過去三十年，臺灣從大型到中小企業都在推動資訊化以提升流程效率。然而，隨著全球競爭的加劇，企業不僅需要提高效率，還需要不斷創新商業模式，關注顧客體驗，並從異業中學習。

● 企業進行數位轉型時需注意七個要件：察覺環境變化、訂立目標和策略、調整組織架構、有效配置資

源、人力的重新調整、組織的內化機制，以及外部供應鏈的經營。這些要件涵蓋了從市場定位、組織調整到資源管理等多方面的策略思維，領導者需有全面的關照。

- 企業在數位轉型過程中常面臨預算和人才的挑戰。有效的預算分配和找到適合的人才，如能傳達老闆理念的人、整合流程的人、解讀數據的專家和資訊技術專家，這對於企業成功數位轉型至關重要。

- 數位轉型過程中，跨部門的整合和高階主管的協調作用非常關鍵。老闆和高階主管需要有能力調動資源和人力，並促進有效的溝通和協調。

- 中華民國資訊軟體協會在臺灣軟體產業中扮演重要角色，不僅協助政府推動產業環境和法令配套的健全，還致力於幫助中小企業進行數位轉型，包括提供政策方案、顧問輔導和教育訓練等，中小企業若有任何數位轉型的疑問與困難，可聯繫協會，會盡全力協助。

數位轉型的步驟與挑戰
中華民國資訊軟體協會　沈柏延理事長

PART 3

理論心法篇

從隨經濟、結構洞理論中
掌握新經濟機會

—— 臺灣科技大學資訊管理系特聘教授 盧希鵬 ——

　　在未來的經濟發展中，數位轉型是臺灣中小企業發展的重要關鍵，而瞭解外在環境的發展、運用適合的資源，更是幫助企業發展不可或缺的環節。數位轉型常談到的第一步，就是需要明晰外在環境的變化，而臺灣科技大學資訊管理系特聘教授盧希鵬提出的「隨經濟」理論，主張「時間」與「弱連結」為新經濟活動中的有限資源，在隨經濟時代中掌握這兩個關鍵後，便能創造獲利的第二曲線。另外，他也提出網際網路運作的底層邏輯——結構洞的相關概念，透過穿越結構洞，再連結不同社群，能幫助人們於 Web 3.0 浪潮中跳脫現有商業模式，進一步掌握下一波網路新經濟的來臨。盧希鵬教授曾任臺灣科技大學管理學院院長、精誠榮譽學院（現為應用科技學院）院長、管院 EMBA 執行長等，透過他

的分享，一起瞭解隨經濟、結構洞的諸多面向，還有商業、人類進化的軌跡。

隨經濟——創造獲利的第二曲線

何謂隨經濟？

隨經濟是隨心所欲的經濟學，是一種通往未來的軌跡。在討論未來時，學術界有兩種方法：一種是觀察歸納法，也就是依照別人的經驗、過去的經驗去做，但商機可能因此會變比較少。另外一種是邏輯演繹法，是邏輯上的合理可行，如果不贊成的人越多，當你提出的想法是對的，你的商機就越多。

隨經濟是因為通往未來的軌道已經浮現出來，所以是一種演繹未來的思維邏輯，其英文ubiquinomics，源自於「隨處可見的科技」的英文ubiquitous technology，例如手機、互聯網等是隨處可見的科技，由這些隨處可見的科技所創造出來的現象，就叫做「隨經濟」。

數位轉型中的隨經濟

數位轉型是一個未來思維，有兩種方法：第一種是歸納法的數位轉型，也就是依據別家企業的經驗去做，這又稱為

第一曲線的數位轉型。而通常要把所有軌跡維持在第一曲線上，獲利模式相對清楚、具體，也是一種安全的作法。但如果所有企業都依照過去和別人的經驗去做、都走向同一方向，那麼市場競爭比的就是誰的核心能力較強，這對中小企業非常不利，所以中小企業的數位轉型就產生了另一種思維，也就是演繹法的數位轉型。這個方法不是依據觀察，而是憑藉信仰，也就是企業相信的是什麼。

在隨經濟中有四個信仰：

第一，時間解構產業：出現新零售、新製造、新金融、新的訂閱經濟。

第二，弱連結重組產業：例如上班的地方不限辦公室，最大的銀行、旅館等出現沒有分行、沒有房間等現象。最大電商、零售業沒有自己的商品，都是用弱連結來獲利。

第三，數據可以管理時間和打造弱連結。

第四，世界是活的，經濟發展靠的是持續修正。

在第二曲線的數位轉型過程中，要注意環境隨時在變化且願意相信環境會帶來轉變，數位轉型才有可能發生。過去在第一曲線歸納法談的是 seeing is believing，在演繹法是 believing is seeing，所以相信未來的發展非常重要。

中小企業如何思考數位轉型？

　　盧希鵬教授認為中小企業的數位轉型，取決於對未來的想像是什麼，如果不知道未來是什麼，就會容易花費很多成本且仍然不知道未來的發展。以數位轉型來說，企業需要具備願景和藍圖，而臺灣的中小企業非常強調技術，便容易淪為永遠為他人代工的局面，所以數位轉型需要有具體的藍圖，才能掌握未來的營運模式、走向，商機也相對比較大。盧希鵬教授分享，臺灣中小企業在未來應該掌握無法被他人取代的核心技術，並運用時間和弱連結與足夠多的物流車隊、程式設計委外合作，創造更具競爭性的未來。

以弱連結擴大領域

　　隨經濟有兩個重要的概念，一個是時間，一個是弱連結，這兩個都是寶貴的資源。而弱連結是透過跟不熟的人連結來擴大自身領域，例如某個人平常是坐經濟艙，在一次機會中坐了商務艙而認識到自己的貴人，就連帶把自己的生意擴展出去，這就是弱連結的產生。互聯網的世界就是陌生人的世界，也是弱連結的世界，當互聯網對陌生人有認證系統，新的隨經濟就會興起，網路上的服務行為就會開始出現。隨經濟的第三個信仰——數據，也是管理時間和弱連結

的條件，像資訊科技可以更有效率地管理時間跟弱連結，如果中小企業要做數位轉型，絕對不是只用數據來做統計分析而已，而是管理時間和締造弱連結，幫助企業能進入隨經濟的領域中。

另外，在隨經濟裡面，成員是變動的，所以無法隨時隨地依循指令工作，例如網路世界就是很典型的自組織，因為沒有人能夠控制網路世界的發展。加上未來世界會不斷改變互動規則，所以在數位轉型中可以學很多模式，但仍要呼應世界的變化，做出相應的對策。

隨經濟的生態系統、利他價值

在互聯網世界裡供應鏈概念被打破，客戶和供應商的概念也被打破，例如我們既是Facebook的客戶也是它的產品，在電商中如果我既是賣家，也是買家；我也可以是客戶，也可以是產品。所以電子商務在隨經濟理論中讓客戶和產品的界線變模糊了。在數位轉型的過程中，企業跟客戶的關係、供應商的關係也會開始變得模糊，因為客戶的專業能力有可能比企業還要強，所以未來企業與客戶要強調的應該是夥伴關係。當夥伴一起共創價值，大家共贏、共生，就會形成生態系。

另外，隨經濟中強調時間和弱連結的重要性，同時也反映世界上有兩種產品——競爭者、互補者。競爭者是一人賺錢，另一人就賠錢；互補者是他人賺錢，另一方就會跟著賺錢，例如Apple幫助LINE、Facebook或Uber變得非常成功，那使用iphone手機平台的人也會越多，就能達到最後真正的成功。利他就是把一張餅做大，讓人人都可以吃到餅，還可以吃得很飽。

結構洞——掌握下個網路新經濟的成長

何謂結構洞？

現今人們生活在虛實結合的世界中，因而形成複雜的網路。在這個結構裡的個體或社群仍存在著未連結的空洞，就是所謂的「結構洞」。有關結構洞的理論，在一九九〇年由學者Ronald Stuart Burt提出，他認為競爭優勢不是來自於核心能力而是來自於網路位置。而對應於互聯網時代，人們所處的位置即人的價值，因此企業在談數位轉型時，便要不斷穿越各種結構洞，連結多重網路，才能找出具體位置以取得擴大社會資本的優勢。

以智慧型手機iPhone為例，它的出現因為藉更大的網路在電信網路跟軟體網路間產生社會流動，所以後來打敗了

只以電信網路流動的Nokia和Motorola手機。在這個過程當中，iPhone只是在網路世界中掌握了簡單的規則，且穿越結構洞、連結多重網路，因此創造了後來的無限發展。

結構洞與數位轉型

結構洞與網路社會有著密切的關係，因此企業需要先盤點和建立社會資本，才能有足夠的能量可以穿越網路。盧希鵬教授也提到，穿越結構洞的關鍵是仰賴單一結構極大化才能創造加乘的效果。他以林志玲為例，她原本是知名的模特兒，後來跨足歌唱、電影和主持，便從單一維度穿越結構洞後擁有更大的發展維度。教授同時也提醒，穿越結構洞自身需要強大的能力，再加上對的位置，才能讓這些結構洞互相連結、轉型成功。

觀點與啟發

- **隨經濟與數位轉型**

  隨經濟理論強調利用當下可用的資源與技術來創新和適應變化，這對於中小企業的數位轉型至關重要。企業需要瞭解並把握「時間」和「弱連結」這兩個關鍵資源，以便在快速變化的數位環境中找到新的機會並

創造價值。

- **隨經濟中的四個信仰很重要**

  時間解構產業、弱連結重組產業、數據可以管理時間和打造弱連結，以及世界是活的。讀者可以掌握四個信仰以邁向新經濟。尤其，在以前的企業發展中，眼見為憑是重要的依據，但現在看不見的，未來不一定不重要。

- **穿越結構洞的戰略意義**

  結構洞理論提出了一種策略，即通過識別並利用網路中未連接的部分來獲得競爭優勢。對於中小企業而言，這意味著通過建立新的聯繫和合作，可以進入新市場或創造新業務模式。

- **數據在隨經濟中的角色**

  在隨經濟理論中，數據被視為管理時間和弱連結的關鍵工具。對於正在進行數位轉型的企業來說，有效利用數據可以更好地理解市場動態，預測趨勢，並發現新的商業機會。

- **利他思維在數位轉型中的價值**

  在隨經濟中，強調的是創造共贏局面而非零和遊戲。這種利他思維對於中小企業而言，意味著透過合作和

建立生態系統來共同成長，而不僅僅是獨自競爭。

- 在結構洞的理論中，社會資本為重要的關鍵，過去工業社會需要的是財務資本，現在的智慧經濟講求的是智慧資本研發，而網路社會中又以社會資本決定競爭優勢，加上單一維度極大化便可以穿越結構洞，擁有自己的位置，形成洞洞相連的優勢。結構洞理論雖然相當強調位置，但仍然要鼓勵大家，如果沒有位置也無妨，把自己的能力培養起來，未來也能透過單一維度極大化穿越多重宇宙。

從隨經濟、結構洞理論中掌握新經濟機會
臺灣科技大學資訊管理系特聘教授　盧希鵬

以創造力啟動轉變的無限可能

—— 政治大學創造力講座主持人／
名譽教授 吳靜吉 ——

　　全球在經歷新冠疫情影響後，許多產業遭受衝擊，環境也產生了很大的變化。在這個變化中，創造力特別能改變原有的運作模式，以創新方式面對未來的多種可能性。創造力可以在各領域中發揮，包含日常生活、職涯發展、企業組織領導、創業與創新，甚至關乎國家發展及國際競爭力。不管在企業抑或政府的數位轉型過程中，領導者的開放心態與創新思維對於轉型是否能夠成功至關重大，因此如何培養創新能力，成為企業乃至國家發展永續的關鍵要素。擁有心理學家、作家等多重身分的吳靜吉博士，現任國立政治大學名譽教授、國立中山大學榮譽講座教授和國策顧問，同時也是教育家、心理學家、表演藝術工作者等，透過他的分享，引領大家一起認識創新、創造力的意義與重要性。

創造力的重要性

外國人在講的創造力，包含「創意發想」和「創新執行」，然而臺灣過去講的創意，只談想法，卻沒有包含執行的過程，形成停留在初始階段的「創意發想」而已。所以創造力需要從整體去談論，並且包含兩個條件：第一個是新穎，要前所未有、有用、有意義，或是能引發別人的共鳴；第二個是可執行性，因為創意會歷經不斷變化的過程，最後要能執行才能真正地創新。例如華碩公司鼓勵組織內部創業，這樣就能開始嘗試用新的方法解決問題。如此一來就可以衍伸出其他想法，或是運用公司內部資源。

創造力可以透過 4P 架構來理解，包含產品（product）、人（person）、壓力（press）和過程（process）。當我們發揮創造力時，結果會產出產品或作品，而這個過程需要有人產生動機去創作。此外，創作者要有自我期許去創造，也就是過程有一股壓力去創新。在創造時則需要有適合的環境才能擁有成果，過程也會經歷各種變化，這些都屬於創造力的過程。

在臺灣，很多人包括父母親、老師和政府官員等，通常會認為創新一定是少數人在做的事，然而這樣想會扼殺許多創造力的產生。而創造力的出現，不一定是大規模的生產、

改變，也可以是日常生活中發生的事。吳靜吉博士提出，創造力的產生可以從4C，也就是四個面向推動：第一是屬於改變人類社會的大C（Big Creativity），他們透過專業產生獨創力，這些創造力會影響人類文明，例如獲得諾貝爾獎的人；第二個是專業C（Professional Creativity），如土木工程、廚師等等在專業領域的頂尖人士，這也是創造力為人所知的典型狀態；第三個是小C（Little Creativity），是在日常生活中產生的創意，例如舊衣再利用，就可以變成能夠再穿的新衣服；最後一個是迷你C（Mini Creativity），就是在遭遇的事件、聽到的故事與生活的體驗中，產生的領悟和感受等，讓這些經驗對個人具有意義。

以創造力轉型的過程中，吳靜吉博士認為創造力不會只存在於專業的高階層，也許會出現在意想不到的生活環境，如鄉下，因為大家會在環境資源沒有那麼充足的地方，為了生存和生活而激發出創意。當然創意的發想要去執行，不然就只是空談，執行力本身也是創造力的一部分。

觀點與啟發

- **創造力與執行力的結合**

  在管理學中,創造力不僅是產生新想法的能力,更重要的是將這些想法轉化為實際的產品、服務或解決方案的能力。吳博士提到的創造力定義強調了這一點,即創意不僅要新穎且具可執行性。這對於企業來說,意味著創新的成功不僅取決於有創意的思考,還取決於將這些創意轉化為實際成果的能力。數位轉型也是如此,不能只有空想。

- **創造力的4P架構**

  此架構提供了一個全面理解創造力的框架,涵蓋了創造過程中的關鍵要素:產品、人、壓力和過程。也就是有產品/想法之後,要有人去執行,執行過程需要有要求的壓力,才能推動創意產出,而創意也需要環境、可能經歷變動的過程。在組織的營運管理中,意味著要促進創新,就需要考慮這些要素如何在組織內部相互作用和影響。就如專案管理與PDCA的融合。

- **創造力與日常生活的結合**

  吳博士提到創造力不僅限於專業領域,而是日常生活的一部分。這強調了創新不僅是大企業或特定領域的專利,每個人都可以在日常生活中發揮創造力。這對

企業意味著應鼓勵所有員工參與創新過程,不僅僅是研發部門。數位轉型更是如此,並非老闆或CIO的責任,而是人人有責。產銷人發財各部門都應提出如何運用數位科技提升客戶體驗,以及強化組織營運效能的創新意見。

- **創造力的4C模型**
  此模型揭示了創造力在不同層次上的表現,從影響人類文明的大C、專業C到個人生活中的小C和迷你C。這提醒我們企業在推動創新時需要考慮不同層次的創造力,並在不同層面上培育和支持創新。

- **創造力的普及性和執行力的重要性**
  吳博士指出創造力並非專屬於特定群體,而是人人皆有的能力。管理上的啟示是,創新應被視為一種組織文化,而不僅僅是業務策略。同時,創意的發想與實際執行同樣重要,管理者需要為員工提供資源和支持,以將創意轉化為行動。

以創造力啟動轉變的無限可能
政治大學科技管理與智慧財產研究所
名譽教授　吳靜吉

產業創新轉型的關鍵思考

—— 臺灣大學名譽教授 李吉仁 ——

　　臺灣擁有傲視全球的半導體產業，也有其他位居臺灣之光的企業帶動臺灣產業的成功經驗。近十年來，臺灣因地緣政治、供應鏈變化、通膨和新冠疫情影響，產業發展經歷過不少起伏，如今轉型成為企業再成長的關鍵。臺灣大學李吉仁名譽教授曾協助不少企業進行創新轉型，現為誠致教育基金會董事長、台大國企所兼任教授，過去他曾擔任台大EMBA執行長，也擔任過玉山金、宏碁、台達電、王品等企業的獨立董事，目前則全力投入偏鄉中小學教育。李吉仁教授於產學界的經驗豐富，透過他的分享一起剖析臺灣產業目前面臨的挑戰、轉型的策略，以及企業家應該具備的視野與能力。

臺灣產業面臨的挑戰

臺灣產業經過多次起落，永續發展是產業主要的挑戰和困境。現在各界常在討論的ESG議題（環境保護、社會責任和公司治理）雖然重要，但企業若無法以永續的策略成長發展，也會無法顧及ESG。因此企業在成長過程中，便需要需兼顧永續發展和ESG這兩方面的問題。

其次，世代傳承也是現階段產業發展碰到的挑戰，尤其家族企業中創業的長輩與下一代的觀念不同，往往不放心將產業交棒給下一代。而在交棒過程等於交出一個團隊，通常接手的人大多會想要改變、創新，但是老員工作風常常較為保守，所以過去的團隊成員能不能服從新人的帶領，或是仍要繼續以舊有的經驗做事，都是企業會面臨的困境。除此之外，若是家族兩代間還存有其他問題，就會讓交棒變為更複雜的狀態。

而企業在追求轉型的過程中，如何提出新策略與改變，也是目前碰到的困境之一。通常組織團隊的文化如果能夠對應到未來的發展藍圖，就有可能提高市值，讓公司在未來可以吸引更好的人才；反之，如果企業都在低成長，就算是財務非常健全，市值也會難以提高，對於找人才也會碰到挑戰。以企業傳承來說，若在交棒時拉出新的方向讓新一代去

改變，便等同於賦予創業一樣的挑戰，很有可能讓公司再次成長。因此企業傳承和再成長若能同步推動，就能將危機化作轉機，幫助企業往下個階段邁進。

再成長的過程中，容易碰到需要摸索的階段和組織管理的問題，所以再成長不應該只是瞄準業績目標，而是找出下一個成長的動力跟引擎，只是這樣的方向需要在過程中花時間和投資去學習和探索，尤其要打破過去不敢冒險嘗試的模式，尋找出自己再成長的方向。而在尋求新事業的過程中，可能會在舊有基礎上做出新的轉型，於是企業也會面臨雙軌進行的狀態，組織管理模式也會出現很大衝突。這時便需要推出有效率的管理模式，也就是差異化的管理模式，讓企業的本業可以成長，同時推動新的事業探索，否則容易造成內部的強烈衝突。

臺灣企業如何做出改變

李吉仁教授所認為企業的改變，首先領導者必須要先理解公司發展藍圖，接著嘗試去做。其次企業必須要能包容探索和錯誤的經驗，最重要的是要重新學習，避免用原本的思考模式去看新的內容。在企業發展的過程中，很多公司並非沒錢做未來投資，但領導者寧可把錢放著，不願

做更多投資，於是便形成產業轉型的一大阻礙。在企業轉型過程中常會談到行銷策略的4P，包括產品（Product）、通路（Place）、價格（Princing）及推廣（Promotion）等策略。然而過去臺灣電子代工業的成功雖然也是靠4P，只是都著重Price、Price、Price和Price，只談價格的策略下，利潤都不高，因此投資就很保守。李吉仁教授建議，企業要回到以客戶為核心的思考，也就是將4P轉為4S，包含滿意（Satisfy）、服務（Service）、速度（Speed）和誠意（Sincerity），也需要將產業結構轉為4S，即服務（Service）、軟體（Software）、解決方法（Solution）及系統（System）。總體來說，企業要改變，領導人需要勇敢踏出第一步，再來是組織裡要建構能夠包容和接受這些探索、嘗試錯誤的文化，並且回到以客戶為核心的思考。

如何改變治理公司的思維

在李吉仁教授協助企業轉型的過程中，觀察到企業通常要有急迫感才能推動下一步的轉變。然而急迫感又分為真的急迫感和假性急迫感，真正的急迫感會讓人回到現實面，假性急迫感就是領導者意識到有急迫性，但仍然沒有改變，讓組織內部無法有具體作為。

　　以協助新創企業發展為例，精實創業便是其中一種模式。這個模式為視組織嘗試錯誤的方法是個常態，並且讓過程中的學習成為重點。另外就是快速迭代的模式，過去企業是紅字接單、藍字出貨的製造過程迭代，現在轉為產品的迭代，也就是一開始做的是 A，最後做的是 Z，這樣可以包容新型態的企業文化，在過程中能學到更多技巧，也更能創新。

臺灣企業待突破的困境

　　李吉仁教授認為，產業在數位轉型發展中仍存有差異，以製造業跟服務業來說，兩者就有很大差別。因為製造業有 Asset base，加上科技，在轉型上就會有很大風險。而服務業則是在數位轉型上有較大挑戰，像是零售業就是首當其衝的行業。但是無論是製造業還是服務業，兩者的轉型都需要在客戶導向的思維上著手，例如沒做過數位訂閱的公司，可以從小的規畫開始進行，並透過引流轉化，然後發展擴大、創新和複購。因此企業只要想清楚未來的發展藍圖，也願意行動，組織就能夠推動轉型。

　　李吉仁教授也認為，企業想要數位轉型，在任何產業都須從策略規劃的步驟下手。過去企業是從已知的市場環境和產品需求進行規劃，但現在可以走向「以終為始」的方

式──要有願景思維。當企業在理解未來發展的脈絡之後，便可以朝期望的未來進行設定，接著啟動轉型計畫。而願景通常有脈絡可循，也可以經過討論後產生，接著組織就可以形成共識，最後再統合資源。

觀點與啟發

• 永續發展與ESG的重要性

當前全球企業面臨的共同挑戰是如何在追求經濟利益的同時，兼顧環境保護、社會責任和良好治理。但企業若無法永續，ESG也無法顧及。因此企業永續的追求與ESG發展應該並行兼顧。

• 傳承接棒和企業再成長

臺灣產業過去曾有許多成功經驗，但歷經起起落落的過程，在面對未來時，世代交替的傳承接棒和企業再成長等兩方面為最需要關注的議題。而在面臨轉型時，急迫感通常會成為企業轉變的動力，企業也需要透過思考、認知企業未來的願景，才能進一步規劃如何轉變。過程中也要有包容和接受錯誤的可能性，而不是持續追求KPI，才能在當中獲得重要的學習。

- 在轉型策略上,企業需要跳脫 4P,即產品(Product)、通路(Place)、價格(Princing)及推廣(Promotion)的策略,轉從客戶思維思考 4S,包含滿意(Satisfy)、服務(Service)、速度(Speed)和誠意(Sincerity)等面向,無論在製造業或服務業,就都能有機會做出成功轉型。

- **世代交替與文化變革**

  在家族企業中,世代交替常帶來文化和戰略上的挑戰。接班者需要理解並尊重企業的傳統,同時敢於創新和改變。這需要審慎的規劃和溝通策略,以確保平穩過渡並保持組織的凝聚力。

- **領導者的角色與願景**

  成功的企業轉型往往需要強有力的領導和清晰的願景。領導者必須確立公司的發展方向,並勇於採取行動。領導者是推動變革和塑造組織文化的關鍵人物。他們的行為、信念和決策對企業的方向和員工的態度有著深遠的影響。

產業創新轉型的關鍵思考
臺灣大學國際企業學系暨研究所
名譽教授　李吉仁

「創新典範3.0」人文創新引領傳統產業數位轉型

── 政治大學講座教授 吳思華 ──

　　臺灣長期以製造、代工為產業的主要發展模式，然而在快速變遷的大環境下，需要具備宏觀視野才能看到新的機會和定位。

　　吳思華講座教授的研究專長為策略管理、產業與競爭分析、知識經濟、創新與創造力等，過去出版的《策略九說》為國內知名的策略管理專書。近期專書《尋找創新典範3.0：人文創新 H-EHA 模式》提出「人文創新」概念，為數位時代揭櫫創新生態系統思維，為企業成長、組織管理、創新創業尋找轉型的可能性。

　　吳思華講座教授曾任政治大學校長、教育部部長，跨足產、官、學、研等領域，其新書提出的「人文創新 H-EHA

模式」正可呼應企業轉型與創新所需的思考方向，也為數位轉型勾勒出更佳願景。

臺灣產業面臨的挑戰

臺灣產業長期以製造、代工為主要發展模式，其優勢為能有效率地生產高品質的產品，如同無論拿到什麼題目都能有效達成任務，具有很好的「解題」能力，這是臺灣企業經營的最大特色。

然而全世界的產業與經濟都在快速轉型，如何看到宏觀的變化、找到新的機會與定位，也就是「問問題」的能力，是臺灣數位轉型的重大挑戰。

關於宏觀變化，可以從以下三個面向觀察：

首先是智能科技的發展。全球因為科技進展而帶動企業經營模式的重大轉變，所以企業在追逐新科技的同時，常也需要作出相應的調整策略。

其次，重新掌握新的社會需求是非常關鍵的課題，因為當中有新的價值系統正在逐漸形成。例如，現在是個「反全球供應鏈」的時代，大家開始思考如何建立區域的供應鏈，如何在地發展就變成重要趨勢。共享經濟也是當前主流，業已催生很多共享平台。

　　第三是人口結構改變。這幾年因為「少子化」的關係，臺灣社會已經出現過去完全不同的新興議題，而新世代有別於過去的思考方式，必須尊重每個人的差異性，促使其對社會的貢獻價值都能夠充分發揮。

　　除了「少子化」現象外，臺灣的超高齡社會也代表有更多照護健康的議題值得關注。另外，中年轉業或者中年再創業的這群人不再只是被照顧的人，可以視為臺灣經濟發展過程的另一群重要投入者，其資深經歷可以在社會發揮所長。

　　新冠疫情後，大家重新理解或體會人與家庭的關係、人與自然的關係，也代表開始有了新的生活風貌出現。而臺灣產業正在關鍵的轉型期，不只出現新的訂單或新的需求，而是整個生活風貌必須重新建構。因此，在轉型階段也要同時思考未來的生活風貌，才能從中找到可以服務的方向，從而透過數位轉型來滿足這樣的需求。

臺灣未來三十年的發展藍圖

　　在談發展藍圖前，可以先看看創新理論曾經經歷的三個不同階段：第一階段是創新理論的開宗大師熊彼得提出的創新典範1.0，也就是資本主義所推動的創業家精神，他會不斷地去發展新的產品或新的服務，這個創新會帶動整個產業

的發展，然後再帶動經濟的發展，但前提是自己可以取得獲利、因此才願意創新，所以熊彼得的理論接受寡占市場結構與超額利潤，這樣大家才有動機賺錢、才能獲利，也會形成正向循環。後來還有被譽為「現代管理學之父」的彼得・杜拉克延續了熊彼得的觀點，提出組織領導者要有創業家精神，同時整個組織也要有創新動能。

科技進步後，創新理論出現轉變，於是有了第二階段的「科技創新」（「創新典範2.0」），也就是科技要有所突破才能確保後續的創新發展。

這四十年來，成功的公司都承認科技突破是重要關鍵。但仍然有些企業有科技突破卻未能賺錢，那是因為它忽略了配套措施，如要商品化、互補的產品，或是要在對的時機去發展等。在這個階段，臺灣企業主要還是在代工製造階段，並沒有真正賺到太多科技的錢。

臺灣未來三十年的發展要將原先具有優勢的技術，變成更有附加價值的東西並轉取最終利潤，也就是讓「解題」的優勢轉變為「找問題」的優勢，也就是看到需求缺口。

而科技創新的下一步就是第三階段的「人文創新」（「創新典範3.0」），也就是能覺察環境變化並從中找到人的基本需求，以此為核心來佈建整個生態系統。佈建過程要善

用數位與科技，同時要發展清晰的藍圖知道需求是什麼，如此才能滿足需求，也才不會被數位、科技所牽制。

人文精神的意涵

在上述《尋找創新典範3.0》專書提到的人文精神，就是「人本需求」理論，其精義在於確認未來的創新主體性會由「物」到「人」。例如，iPhone每一代皆有新的功能，而有些人會追求購買新一代的手機，這是以「物」為核心的思考。

到了未來的人文創新時代，要創造更多附加價值，就需要從「人」出發。如「寶可夢」從人的角度設計各種內容，連結人物、場景、互動到社群甚至延伸出運動與社交、保險，隨即產生了很多衍生內容；因此，未來創新需要不斷思考最終的使用者是誰。

又如行李箱品牌Away在數位化後實體店面顯得越來越不重要，改而思考如何凸顯行李箱帶給顧客真正的價值，也就是強調旅行的過程。他們將行李箱的分隔空間設計了充電設備，方便人們在旅行中使用電子設備。他們也在社群平台透過分享旅行資訊、在實體店面規劃旅行相關活動，強化人們對旅行的想像與回憶。

　　所以，Away是回到「人」的身上去開發產品價值，過程中思考的已經不是行李箱而是帶行李箱旅行的人。一旦從這個角度找到新需求就可佈建相關事物，如哪些部份可以自己做而哪些部份可以找人合作，這就會形成了創新的「生態系統」。

「以人為本」的生態系統

　　生態系統可以從兩個角度觀察。首先從需求面看：當需求不是一家企業即可滿足，就須連結大家一起合作，擁有好的夥伴關係，這是由外向內看到的部份。第二，公司資料數位化後，各單位成本效益容易清楚算計，組織內部會出現變革裂解，也就是大組織下的小單位可以獨立運作。在脫離大組織的傳統概念下，重新回到個體有自己的附加價值，既可將多個體集結起來一起做一件大事，也可以加入別的系統裡做事。例如，資訊部門把系統做好便可成為一個平台，除了服務自己的母公司外也可服務其他公司。

　　因此，未來的管理趨勢就是對外要看到整體需求，對內承認個體價值。有專長的人未來可以投入生產活動但又無須受到大組織的限制，這就是「生態系」的意涵。

生態系「樞紐」的意義

「樞紐」的核心課題就是觀察生態系的領導者與傳統的領導者有何不同。以「華山1914文創園區」經營者王榮文先生為例，他把華山的空間分包出去，經過巧妙地安排後賦予原來場域很高的價值，而這樣的領導者就是生態系統的樞紐，也就是扮演核心角色的人。

生態系統的「樞紐」可以歸納為以下五個角色：

第一，生態系統的治理者：這樣的角色要建立遊戲規則，判斷可以讓哪些人、哪些內容活動進來，以「華山」為例，進駐廠商在園內只能停留三至六個月，目的是為了讓園區的創意流動可以發生。

第二，市場的架構者：好的生態系統通常成員間可以相互支援，並在對多方都有利的狀況下建立交易市場，讓參與者可以在社群資源交換，不必透過貨幣化就有很好的資源交換互動。

第三，社群連結者：是人群與資訊匯集、發生交易、交換並產生連結之處，如城鄉、市集、學校都是透過人們聚集在一起社交對話，就可能形成社群並進一步建構正式組織，透過分工合作達成個人難以企及的目標。

　　第四，動能蓄積者：生態系統的生命在於成員之間的流動，流動越為豐富則生態系統越易成長。過去在實體空間流動是講「人流」，現在是談「資訊流」，而未來則是看「創意流」、「知識流」。當這些流動越趨豐富，生態就會自然成長，因為成員不須經過中間樞紐的同意，只要有互動、有想法就可各自就定位做事情。

　　第五，制度創建者：制度創建是行為者在制度變遷過程運用自身的能動性，執行可以對制度變遷產生影響的功能，引導資源重新分配以能達到改變的目的。制度創建過程包括三個相互獨立、相互聯繫、相互作用的要素，即行為者、行為與意義。「意義」將「行為者」與「行為」聯繫起來，是吸引行為者行為的要素。制度創建者需要有效地掌握這三個要素之間的互動關係，以實踐制度創建的目的。

「星群」的重要性

　　過去的組織隨著市場變大，可以透過自身的資源累積發展成為非常大的組織體。但在未來，因為每個人都可以自主發展，也就會形成獨立星體，透過平台完成交易。當未來周遭存有更多的星群，各自越是閃亮就代表生態系的發展越健全。

　　例如，Airbnb的成功其實不是依靠標準化服務，它們不

是五星級的連鎖飯店而是多個不一樣的民宿。未來的世界就如Airbnb的作法，尊重每個人的獨特性任其發展，彼此皆是生態系的一顆星，但又可以匯聚成一個閃亮的星群。

在未來的人文創新裡，需要不斷思考如何讓每個不同個體成為產品，如果能去推動這樣的發展，就會成為一個生態系。所以，星群代表的是不同的成長理念，跟過去傳統的成長理念不同。

傳統產業如何使用人文創新的「H-EHA」模式

H-EHA模式分別代表了「人文」（Humanity）、「生態」（Ecosystem）、「樞紐」（Hub）與「星群」（Asterism），其前提是在人文精神驅動下，善用場域自然資源支持的生態系運作。傳統產業參考這個模式，可以思考如何改用新的路徑去走。

例如，一般傳統產業在過去四十年累積了很多東西，包括品牌、經驗、內部作業系統、工作流程或文化等，這些智慧資本可在生態中發展成重要的基本資源。而這些資源可以交由第二代或其他創業者，透過重新組合、連結現在的場域與機會後產出很多可能性，提供臺灣產業附加價值，販售知識、智慧而非勞動力。

因此，臺灣傳統產業轉型時應該努力地迎接新的生活風貌，有效運用前人留下的智慧和知識。當數位轉型能做到這樣的程度，就是深度的知識管理，而數位轉型的意義和價值就會更大。

傳統產業轉型的具體方向

傳統產業轉型可以從公司內部的知識管理思考，第一，成立企業大學，教的不是學校的一般型知識而是內部整理後的專門知識。

第二，創立連結機制，讓知識（或智慧）資本可以被應用，尤其適合交給企業第二代或第三代來做，因為他們本就熟悉公司內部運作，又不用在原先的公司發展而讓自己受限。公司也要有創投機制，讓第二代或是他人提案的新投資可以客觀處理，這樣就能鼓勵很多新的東西發展，也可以視需要來調整，回歸比較理性的經營方式。

「創新典範 3.0」的啟示

「創新典範 1.0」是因為有資本的刺激，「2.0」是因為科技的進步，「創新理論 3.0」則是從人文驅動創新，企業經營可以把顧客當作學生，隨時陪伴他、解決他的問題。未來企

業跟顧客間應該發展如同老師和學生的長期關係，給予陪伴與支持，也就是大家目前熟知的訂閱制。

另外，可將企業平台當作學校來累積知識，跳脫勞動力的模式獲利。而運用這些知識可以培養更多閃亮的星群，為臺灣產業帶來動能，打造創新的未來。

觀點與啟發

整體來說，產業在未來進行數位轉型時，應思考以下五個課題 。

• 應積極培養面對全球變遷的宏觀視野

臺灣產業長期以製造與代工為主，強調解題能力，但在快速轉型的全球大環境，這種模式業已面臨挑戰。臺灣企業須從更宏觀的角度觀察智能科技的發展、人口結構的變化與生活風貌的轉變，以此來找尋新的機會和定位。這與策略管理的外部環境分析呼應，強調企業必須了針對外部環境的變化勇敢提問。

• 從「技術創新」到「人文創新」的演進

未來的創新應從「技術創新」轉向「人文創新」，重視人本需求並建構相應的生態系統。這標誌著從產品

與技術導向轉向「以人為本」的創新策略,符合現今市場越來越重視使用者體驗與社會價值的趨勢。

● **建構生態系統及有效應用 H-EHA 模式**

H-EHA 模式(人文、生態、樞紐、星群)為臺灣產業未來 30 年提供了一個具體的創新框架,強調跨領域合作、生態系統的建立以及對個人價值的認可。從策略管理的角度觀之,這一模式有助於企業從傳統的價值鏈轉向更動態、開放的價值網絡。

● **從「解題」轉向「找問題」的策略重塑**

臺灣企業過去注重解決具體問題的能力,但在當今環境下,更重要的是能夠識別並定義新的問題,要求企業具備更強的市場洞察能力與創新思維。

● **傳統產業的轉型機會**

對於臺灣的傳統產業而言,透過人文創新與生態系統的建立,可以在轉型過程尋找新的成長動力,意味著企業需要從傳統的生產與銷售模式轉向更為關注知識管理和價值創造。

「創新典範3.0」人文創新引領傳統產業數位轉型
政治大學企業管理學系講座教授　吳思華

數位轉型中資訊管理
開啟的新應用

—— 中原大學資管系客座教授 范錚強 ——

　　過去資訊管理的出現，為電腦還未普遍進入企業時所成立的學科，是協助培養能夠開發商業系統、進而為企業帶來績效的人才。這些人才能協助開發系統應用，並在結合行銷、生管等專業下，成為企業中資訊專案管理及應用的溝通角色。而在數位轉型中，資訊管理也扮演著重要角色，尤其能協助優化各種申辦流程的便利性。前中央大學資管系特聘教授，目前為中原大學資管系客座教授的范錚強老師為資訊管理界的先驅，他曾任美國加州大學洛杉磯校區行政資訊服務處的系統分析師、資深分析師，也曾擔任新加坡國家電腦局管理處助理署長、綜合系統資訊處副署長。透過他的分享，一起瞭解資訊管理的專業內容，並且於此專業中一探企業在數位轉型中的迷思。

資訊管理的專業內容

　　資訊管理的出現，起源於電腦開始出現多元應用，並進而能協助企業解決經營問題。然而企業在運用電腦過程當中，開始不斷出現質疑系統的問題，為瞭解決這個困境，一九六九年明尼蘇達大學設立了全球第一個資訊管理系，學科內容包含讓學習商業行為的人也可以開發系統，讓電腦進入企業後能協助產生績效。在這之後開始也有很多學校紛紛設立相關科系，只是名稱有所差異。如今，在資訊管理的專業出現後不斷發展，加上科技持續進步，原本業界在資訊科技的應用一開始由企業策略決定，後來則讓企業產生很多想像空間，於是資訊管理的科系，也開始可以結合企業策略等等來討論和發展。

　　以現今產業運作而言，資訊管理在企業管理的應用上無所不在，包含會計、人力資源管理和行銷等等。曾在資管系任教多年的范錚強教授認為，資訊管理系存在的必要性也會開始減少，或許這個科系有朝一日會消失。但有鑑於資訊管理的概念已內含在企業管理中，因此未來這門學科應該被規劃為公民基本素養，包含新聞系、社會學院和文學院都應該要學習。面對目前仍在學的資訊管理人才，范錚強教授表示此科系的人才於未來也不用擔心沒有就業市場，因為資管的

專業是系統應用，所以到職場上可以不用跟開發各種大型系統和應用軟體的資訊工程系人才競爭，資管專業的人可以透過在學期間修讀經濟學、統計學和電子商務等商管課程，在未來進入職場時便能扮演資訊專案管理及應用的溝通角色。

數位轉型中企業的迷思

范錚強教授長年觀察企業數位化的過程，他認為數位化千萬不要落入蔡倫文明2.0的陷阱，也就是把蔡倫文明1.0的紙本直接轉成電子版便認為是數位化完成，如此一來企業數位化投入的花費等於浪費。他認為在數位化之前企業須要歸零思考流程的合理性，並可以就以下思考作為數位化前提：「最好的欄位設計，就是不需要欄位」、「最好的表格設計，就是不需要表格」，以及「最好的流程設計，就是廢掉那個流程」。例如過去在銀行提款需要在表格上填寫很多資料，往往耗費民眾很多時間，但後來發展成透過在ATM提款、不須填表格就可以確認是否為本人提款等事宜，便可以節省大家很多時間。又像是過去買火車票要排隊買票，現在已經可以用悠遊卡刷卡付費，這樣的簡化流程就能大幅節省購票的時間。因此在數位化之前，政府或企業需要把流程、邏輯構思清楚，就能加速作業流程、提供更多便民的服務。

觀點與啟發

- **資訊管理與企業策略的融合**

  資訊管理最初聚焦於協助企業有效地利用電腦技術來解決經營問題。隨著時間進展，這一領域已不僅僅是技術應用的問題，而是如何將技術與企業策略相結合，以創造更大的商業價值。這要求資訊管理專業人才不僅要懂得技術，還要瞭解商業運作和市場趨勢。

- **將資訊管理納入基本商業素養**

  隨著資訊技術在所有行業的普及，范教授提倡將資訊管理視為基本的商業素養。這意味著不論是哪個學科背景的人都需要具備一定的資訊管理知識，以應對數位化時代的挑戰。

- **資訊管理在數位轉型中的角色**

  在數位轉型過程中，資訊管理專業人才扮演關鍵角色。他們不僅需要開發和實施系統應用，更重要的是作為不同專業領域（如行銷、生產管理等）間的溝通橋樑，確保技術解決方案與業務需求相匹配。

- **避免數位轉型中的迷思**

  范教授指出，企業在進行數位轉型時應避免簡單地將

傳統流程數字化，而應重新審視和改造這些流程。這種思維轉變體現了從簡單的技術應用到更深層次的業務轉型。

- **未來資訊管理專業的發展方向**

  隨著資訊技術的快速發展和企業需求的變化，資訊管理專業的未來可能會朝向更加融入商業和管理領域發展。這意味著資訊管理不再是一門獨立的學科，而是成為商管教育的一個重要組成部分。

數位轉型中資訊管理開啟的新應用
中原大學資管系客座教授　范錚強

數位轉型策略思維與心法
—— 數位轉型學院院長 詹文男 ——

何謂數位轉型？

基本上，「數位轉型」目前並沒有放諸四海皆準的標準定義，未來相信也不會有。而從實務的觀點來看也不需要有，只要公司上下對其內涵有一致的看法，可以齊一步伐，集中資源向目標邁進，相信就一定會有成效。不過，若能對數位轉型的本質有更深入的理解，相信對企業的轉型升級會有更大好處。

數位轉型從字義上來看，有「數位」及「轉型」二字，可以做兩種解讀：其一是「轉型用數位」，這也是很多人所認為的，只要公司用了數位科技，就是數位轉型；另一是「用數位來轉型」，也就是轉型是目的，數位只是手段，是一種工具，目標在於企業的轉型。因此，若沒有對這兩個詞句

有全面性的觀照，恐怕會落入見樹不見林的陷阱。

「數位」泛指數位科技，組織應對未來會影響產業發展及市場競爭規則的重要數位科技有所掌握，知道其是什麼？可以運用於何處？效果是如何？成本是多少？在可見的未來，最重要的數位科技包括 I、A、B、C、D、E、F 幾類科技。I 是 IoT（物聯網），A 是 AI，其中還有 AR/VR，B 是 Blockchain（區塊鏈），C 是 Cloud（雲端），以及其中的 Cyber Security（資訊安全），D 是大數據（big Data），E 是 Edge Counting（邊際運算），F 就是 5G (第五代通訊）。

「轉型」則指運用數位科技協助企業掌握環境變化，調整企業價值創造與價值傳遞方式的策略與行動。通常表現於新的商業模式、運用數位資產的累積與運用推出新產品或新服務，同時重建組織文化與制度。

因此，若企業想要轉型，那關鍵在於要轉到哪裡？轉成什麼？目標若確定，就可以運用數位科技來協助我們達成目標；但若想轉型用數位，也可以好好運用適切穩靠的數位科技來幫助我們提升競爭力。轉型數位或數位轉型兩者並沒有孰優孰劣，端視企業現況的需要。有些企業，例如廣大的中小企業，可能現階段最重要的是趕快要會「用數位」，但很多處於低毛利、高度紅海競爭的企業，轉型恐怕是唯一的選擇。

數位科技運用三階段──
數位化、數位優化與數位轉型

　　基本上，組織運用數位科技可分為三個階段：第一是「數位化」，亦即企業尚未採用數位科技，為了提升效率，開始評估採用。目前有些傳統產業內的中小企業還在這個層次，例如受新冠疫情嚴重影響的許多零售業、餐飲業，或者小吃攤，亟需政府輔導升級，讓他們能夠盡快加入零接觸或者低接觸商務的領域。

　　第二階段稱之為「數位優化」，亦即在既有電腦化的基礎上，提升數位化的水準，以進一步改善組織的營運效能，緊密供應鏈體系，甚至建構生態系統；抑或透過數位科技強化顧客體驗，掌握顧客喜好，提高客戶滿意度及忠誠度，這是所謂的「數位優化」。觀察臺灣現在大部分的企業，都在這個階段，也花很多資源在這方面努力，希望能讓組織營運更卓越，客戶體驗更完善。

　　第三階段是「數位轉型」，亦即利用數位科技創造新的商業模式。當企業所處的市場生命週期已至成熟及衰退的階段；或組織原有營運模式無法因應市場的變遷與需要，競爭力大幅下滑，成長面臨停滯，這時即需思考進行數位轉型，甚至應該在成長階段就提前規劃。例如企業可以思索從「產

品製造」轉為「服務提供」。

數位轉型是誰的責任？

對於中小微企業而言，由於組織規模及業務範圍尚小，不管是要進行數位化、優化或者是轉型，老闆當然需要投入且全力以赴，從需求的發掘、目標的設定、方案的提出，與計畫的實施，都需要全程掌握，才能提高專案成功的機率。

但對於大型企業，甚至集團組織而言，數位化或者數位優化，各事業部應該分層負責。舉例來說，工廠要把品管工作從人力改成AOI（自動光學檢測），這件事廠長負責就可以了。但若要進行轉型或大幅度的重整，因為牽涉到資源的調整與人員的改變，領導者當然責無旁貸。

進一步言，在數位優化階段，主要在於強化組織營運效能及提升客戶體驗，企業應思考如何運用數位科技來優化價值活動（生產、行銷、人力資源、研發及財務）、價值系統（上游、中游及下游）及整個生態體系的運作效能，促使組織營運能夠卓越超群；另一方面，在客戶體驗上，也應該思考如何運用數位科技來獲取顧客（顧客樣貌的理解、顧客需求的擷取以及對於顧客訊息情報的掌握）、進行業務拓展（傳遞產品／服務資訊、販售、提供服務管道），以及關係

維繫（顧客服務及售後支援）等工作。亦即數位優化涵蓋整個組織上上下下各層面，公司每一位員工都有責任。而不僅僅是老闆或者資訊長（CIO）需要關心，每位同仁都應該在自己的崗位上思考如何透過數位科技來強化組織營運效能與提升客戶體驗，以提升公司在原有第一事業曲線的市場競爭力，並更進一步配合公司轉型推進第二事業曲線。

數位轉型的自我評估——衡外情、量己力

企業在進行策略規劃時，一般有兩種思考方式。一是透過外在形勢分析，以及自身的狀況來進行目標的設定；另一是先設定遠大的目標，再進行差距分析，以做方向的聚焦，這是以策略企圖心來驅動，希望以勉為其難的努力來創造更佳的績效。第一種方式的好處是經由衡外情、量己力的程序，避免企業不自量力地設定不切實際，連老闆自己都不相信會達成的目標。第二種是先設定目標再分析形勢，其優劣剛好相反。企業通常會交互運用及驗證，以設定合理的目標與策略。

數位轉型的推動也是如此，除了企業上下對「數位轉型」這個名詞應有正確及一致的認知，尤其是老闆，對數位轉型的內涵、數位科技趨勢，以及數位轉型對組織的價值創造可

以有什麼貢獻，應該要能掌握之外，對於環境變化，例如總體環境、包括社會、自然環境、經濟，技術及政治法規等構面，以及市場、客戶及競爭者，也需要有掌握，才能領導組織邁向正確的轉型路途，這就是所謂的「衡外情」。

在建立企業的共識，掌握外在形勢變化，到正式邁向數位轉型規劃階段前，還有一個重要的工作需完成，那就是健診評估。亦即公司需進一步檢視己身企業的數位準備程度及相關資源，也就是「量己力」。這可以透過數位轉型成熟度量表（參考文末補充）來評估企業在生產、行銷、人力資源、研發及財務等等企業功能面上的數位化程度，從初始化、數位化、整合化、自動化到智慧化這五個由低到高的階段目前水準，以作為後續進行數位轉型導入的參考依據。

健診評估階段的目的，在於透過數位轉型指標解析，掌握企業自身數位能力與階段，並透過專家顧問的解讀與諮詢，進一步縮小企業面臨轉型的範圍，作為下個階段企業挑選數位轉型導入目標與方向的依循基礎。

基本上，企業的數位轉型方案可以很單純，但大多數企業所面對的問題錯綜複雜，加上企業資源有限，透過衡外情，量己力，進一步檢視企業面對議題的輕重緩急，安排數位轉型的優先順序，才能打穩數位轉型的基盤。

數位轉型需要避免的七個錯誤

數位轉型是每一個組織必須面對的課題，不僅是企業，政府、教育單位，以及非營利組織，都需要重新自我檢視，以能快速回應市場的變化。以下提出一個組織在進行數位轉型過程中需要避免的七個錯誤，提供各類型組織推動數位轉型時的參考：

錯誤一：沒有獲得最高決策階層的支持。成功的數位轉型通常需費一段時間才能看到成效，有時甚至需要作 reengineering，其所需投資之人力、物力相當可觀，若無 CEO 的有力支持將很難持續。

錯誤二：沒有獲得各功能主管的支援。建置數位轉型的過程，需要進行相當密集且耗時的討論並形成共識，包括目標、實施策略、優先順序、關鍵知識來源及各功能單位所需承擔的責任，這都需主要領導者承諾願意投入的時間，如果只是一堆兼職的成員，將無助於數位轉型的成功。

錯誤三：過分承諾以致造成不切實際的期待。數位轉型成效需長時間才能顯現，因此千萬不要給高層過度的期待，有些知識長過分誇大數位轉型之功效，認為一旦建置將可解決企業內所有的問題，這將造成反效果。不過數位轉型也需要進行效益的衡量，為公司創造價值。

錯誤四：未能有效宣揚組織數位轉型之理念，使得員工認為這只是專案小組的工作，而非全員參與。

錯誤五：選擇一個技術導向的專案負責人，而忽略了使用者真正的需求。尤其是採用許多新穎但不實用的技術平台，或者只重視特定群體的特定需求，反而造成使用者的抗拒。

錯誤六：盲目相信技術供應商或顧問公司對效能的承諾。每個企業皆有其特殊且單一的需求，千萬不要相信快速的解決方案，這將落入供應商宣傳文稿之迷惑而不自知。

錯誤七：以為當數位轉型系統開始運作，專案工作就結束了。事實上由於組織所處環境及使用者需求不斷的快速轉變，因此數位轉型應該是動態、彈性，且具延展性，隨時間演變，應注意持續維持運作的成本。

補充 ————

● 數位轉型成熟度量表：或稱數位轉型成熟度模型，係以企業數位能
力為基礎，透過三大表現構面（數位優化之強化營運效能、提升客
戶體驗及商業模式再造）的評估，除可呈現企業在包括營運效能、
客戶體驗及商模再造等構面的成熟度之外，亦可呈現其子構面的成
熟度階段，進而可歸納出企業在數位優化及數位轉型的表現程度。
（參見詹文男、李震華、周維忠、王義智、數位轉型研究團隊著：
《數位轉型力》〔臺北：商周出版，2020年。〕）

國家圖書館出版品預行編目資料

向大師學習數位轉型：臺灣企業案例分析與產業趨勢觀點 / 詹文男著.
-- 初版. -- 臺北市：商周出版，城邦文化事業股份有限公司出版：英
屬蓋曼群島商家庭傳媒股份有限公司城邦分公司發行，2024.03
面；　　公分
ISBN 978-626-390-022-6（平裝）

1. CST: 企業經營　2. CST: 數位科技　3. CST: 產業發展

494.1　　　　　　　　　　　　　　　　　　　113000181

向大師學習數位轉型：
臺灣企業案例分析與產業趨勢觀點

作　　　者／詹文男
文 字 整 理／陳岱華、黃育上（〈北港武德宮〉）
責 任 編 輯／林瑾俐

版　　　權／吳亭儀
行 銷 業 務／周丹蘋、賴正祐
總 　 編 　 輯／楊如玉
總 　 經 　 理／彭之琬
事業群總經理／黃淑貞
發 　 行 　 人／何飛鵬
法 律 顧 問／元禾法律事務所 王子文律師
出　　　版／商周出版
　　　　　　城邦文化事業股份有限公司
　　　　　　台北市南港區昆陽街 16 號 4 樓
　　　　　　電話：(02) 25007008　傳真：(02)25007579
　　　　　　E-mail：bwp.service@cite.com.tw
發　　　行／英屬蓋曼群島商家庭傳媒股份有限公司城邦分公司
　　　　　　台北市南港區昆陽街 16 號 8 樓
　　　　　　書虫客服服務專線：(02)25007718；(02)25007719
　　　　　　服務時間：週一至週五上午 09:30-12:00；下午 13:30-17:00
　　　　　　24 小時傳真專線：(02)25001990；(02)25001991
　　　　　　劃撥帳號：19863813；戶名：書虫股份有限公司
　　　　　　讀者服務信箱：service@readingclub.com.tw
　　　　　　城邦讀書花園：www.cite.com.tw
香港發行所／城邦（香港）出版集團有限公司
　　　　　　香港九龍土瓜灣土瓜灣道 86 號順聯工業大廈 6 樓 A 室
　　　　　　E-mail：hkcite@biznetvigator.com
　　　　　　電話：(852) 25086231　傳真：(852) 25789337
馬新發行所／城邦（馬新）出版集團【Cite (M) Sdn. Bhd.】
　　　　　　41, Jalan Radin Anum, Bandar Baru Sri Petaling,
　　　　　　57000 Kuala Lumpur, Malaysia.
　　　　　　Tel: (603) 90578822　Fax: (603) 90576622
　　　　　　Email: cite@cite.com.my

封 面 設 計／李東記
排　　　版／陳瑜安
印　　　刷／卡樂彩色製版印刷有限公司
經 　 銷 　 商／聯合發行股份有限公司
　　　　　　電話：(02)2917-8022　傳真：(02)2911-0053
　　　　　　地址：新北市 231 新店區寶橋路 235 巷 6 弄 6 號 2 樓

■ 2024 年 3 月初版
■ 2024 年 5 月 16 日初版 4 刷
定價 480 元

Printed in Taiwan
城邦讀書花園
www.cite.com.tw

商周出版

115　台北市南港區昆陽街16號5樓

英屬蓋曼群島商家庭傳媒股份有限公司　城邦分公司

- -

請沿虛線對摺，謝謝！

商周出版

書號：BK5216	書名：向大師學習數位轉型：臺灣企業案例分析與產業趨勢觀點	編碼：

商周出版

讀者回函卡

感謝您購買我們出版的書籍！請費心填寫此回函卡，我們將不定期寄上城邦集團最新的出版訊息。

不定期好禮相贈！
立即加入：商周出
Facebook 粉絲團

姓名：＿＿＿＿＿＿＿＿＿＿＿＿＿＿＿＿＿＿＿＿ 性別：□男 □女

生日：西元＿＿＿＿＿＿年＿＿＿＿＿＿月＿＿＿＿＿＿日

地址：＿＿＿＿＿＿＿＿＿＿＿＿＿＿＿＿＿＿＿＿＿＿＿＿＿

聯絡電話：＿＿＿＿＿＿＿＿＿＿ 傳真：＿＿＿＿＿＿＿＿＿＿

E-mail：

學歷：□ 1. 小學 □ 2. 國中 □ 3. 高中 □ 4. 大學 □ 5. 研究所以上

職業：□ 1. 學生 □ 2. 軍公教 □ 3. 服務 □ 4. 金融 □ 5. 製造 □ 6. 資訊
　　　□ 7. 傳播 □ 8. 自由業 □ 9. 農漁牧 □ 10. 家管 □ 11. 退休
　　　□ 12. 其他＿＿＿＿＿＿＿＿＿＿＿＿＿＿＿＿＿＿＿＿

您從何種方式得知本書消息？
　　　□ 1. 書店 □ 2. 網路 □ 3. 報紙 □ 4. 雜誌 □ 5. 廣播 □ 6. 電視
　　　□ 7. 親友推薦 □ 8. 其他＿＿＿＿＿＿＿＿＿＿＿＿

您通常以何種方式購書？
　　　□ 1. 書店 □ 2. 網路 □ 3. 傳真訂購 □ 4. 郵局劃撥 □ 5. 其他＿＿＿

您喜歡閱讀那些類別的書籍？
　　　□ 1. 財經商業 □ 2. 自然科學 □ 3. 歷史 □ 4. 法律 □ 5. 文學
　　　□ 6. 休閒旅遊 □ 7. 小說 □ 8. 人物傳記 □ 9. 生活、勵志 □ 10. 其他

對我們的建議：＿＿＿＿＿＿＿＿＿＿＿＿＿＿＿＿＿＿＿＿
＿＿＿＿＿＿＿＿＿＿＿＿＿＿＿＿＿＿＿＿＿＿＿＿＿＿＿
＿＿＿＿＿＿＿＿＿＿＿＿＿＿＿＿＿＿＿＿＿＿＿＿＿＿＿